普通高等教育"十二五"规划教材—化学化工类
玉林师范学院化学与材料学院特色专业建设项目

高分子
化学合成实验

GAOFENZI HUAXUE HECHENG SHIYAN

主编○班建峰 刘 括 梁春杰 罗志辉

西南交通大学出版社
·成 都·

图书在版编目（CIP）数据

高分子化学合成实验 / 班建峰等主编. —成都：
西南交通大学出版社，2014.2
普通高等教育"十二五"规划教材. 化学化工类
ISBN 978-7-5643-2880-1

Ⅰ. ①高… Ⅱ. ①班… Ⅲ. ①高分子化学－合成化学
－实验－高等学校－教材 Ⅳ. ①063-33

中国版本图书馆 CIP 数据核字（2014）第 022692 号

普通高等教育"十二五"规划教材 —— 化学化工类
高分子化学合成实验
主编　班建峰　刘括　梁春杰　罗志辉

责 任 编 辑	张宝华
封 面 设 计	何东琳设计工作室
出 版 发 行	西南交通大学出版社 （四川省成都市金牛区交大路 146 号）
发 行 部 电 话	028-87600564　028-87600533
邮 政 编 码	610031
网　　　址	http://press.swjtu.edu.cn
印　　　刷	成都蓉军广告印务有限责任公司
成 品 尺 寸	185 mm×260 mm
印　　　张	3.75
字　　　数	94 千字
版　　　次	2014 年 2 月第 1 版
印　　　次	2014 年 2 月第 1 次
书　　　号	ISBN 978-7-5643-2880-1
定　　　价	13.00 元

前　言

　　高分子化学实验是材料化学专业必修的实践性教学环节，同时也是材料相关专业拓展性的实践教学环节。本书不以验证、巩固或加深某一课程的理论教学需要来安排实验内容，而是以日常通用的高分子合成材料为基础，从加强实验与创新能力的角度出发，阐明实验的目的和意义、仪器药品、实验原理、实验步骤等，重视实验现象的分析与思考，启发创新思维，使学生通过实验操作来了解高分子化合物的制备、结构表征、物性测定等，加强学生对高分子科学基础知识的理解，以提高学生的高分子专业实验技术；同时提倡实验技能之间的相互联系与综合应用以及解决实际问题的完整过程训练。

　　本书为了提高学生对实验研究的兴趣以及灵活运用科学原理的能力，除按照高等院校高分子课程的要求进行编写外，对实验中引用的相关知识和原理均作了详细论述，并对实验的操作步骤与技巧亦作了详细的叙述。本书包括三部分内容：一是介绍实验的基本知识和基本操作；二是介绍聚合方法；三是具体的实验内容。其编排合理，适合学生阅读和标注，并在每个实验之后，附有实验记录，便于书写和总结，同时通过实验后的分析和思考题培养学生在操作过程中分析问题和解决问题的能力。

　　由于编者水平有限，书中难免出现不妥之处，敬请读者及使用本书的老师和同学批评指正，以便改进。

编　者

2013 年 6 月

目　　录

第 1 章 实验基本知识和基本操作

1.1 实验须知

1. 必须了解实验室各项规章制度及安全制度。

2. 实验前应充分预习实验内容及教材中的有关部分内容，做到明确本实验的目的、内容及原理。经检查合格后方能进行实验。

3. 实验时操作仔细，认真观察实验现象，并随时如实记录实验现象和数据，以培养严谨的科学作风。

4. 爱护实验室仪器设备，实验时必须注意基本操作，仪器安装准确安全，实验台保持整齐清洁。

5. 公用仪器、药品、工具等使用完毕应立即放回原处，整齐排好，不得随便动用实验以外的仪器、药品、工具等。

6. 实验时应严格遵守操作规程，安全制度，以防发生事故。如发生事故，应立即向指导教师报告，并及时处理。

7. 实验后立即清洗仪器，做好清洁卫生工作，将个人使用的仪器洗净后摆放整齐，公用仪器整理后放回原处，清洁并整理好实验台面，最后洗净双手，并在规定时间内做好实验报告。

8. 发扬勤俭办学精神，注意节约水电、药品，杜绝一切浪费。 值日的同学应清洁实验室的地面和水槽，检查每个桌面是否整洁，在离开实验室前一定要检查电源是否断开，水龙头、门窗是否关闭。实验室内的一切物品（仪器、药品和实验物等）不得带出实验室。

1.2 实验室安全制度及意外事故处理

能圆满地完成一项高分子化学合成实验，不仅仅意味着顺利地获得产物并对其结构进行充分的表征，更为重要的却往往被忽视的是避免安全事故的发生。在高分子化学合成实验中，经常使用易燃、有毒的试剂，试剂的使用不当，就可能引起着火、爆炸、中毒等事故。为杜绝实验室事故的发生，必须严格遵守实验室的安全制度。

1.2.1 安全制度

1. 进入实验室首先要熟悉实验室及周围环境。如水阀、电闸、安全门、灭火器及室外水源的位置。

2. 蒸馏有机溶剂时，要注意装置是否漏气，以防蒸汽逸出着火。不能直接加热，要用水浴或油浴等加热，操作时不能随意离开工作岗位。 减压蒸馏时要戴防护眼镜，以防爆炸。

3. 万一发生火灾，必须保持镇静，立即切断电源，移去易燃物，同时采取正确的灭火方法将火扑灭。切忌用水灭火。

4. 有毒、易燃、易爆炸的试剂，要有专人负责，在专门地方保管，不得随意存放。

5. 电气设备要妥善接地，以免发生触电事故，万一发生触电，要立即切断电源，并对触电者进行急救。

6. 实验完毕，应立即切断电源，关紧水阀；离开实验室时，关好门窗，关闭总电闸，以免发生事故。

7. 未经指导老师许可，不能擅自搬动或使用实验室内非本实验所需的其他设备。

8. 实验结束后，应整理好实验设备和实验台；离开实验室前，应检查水、电、门窗、气等是否关闭。

1.2.2　意外事故处理

实验过程中如发生意外事故，可采取下列相应措施：

1. 火警和火灾：不要惊慌，小火用湿布、石棉布或沙子覆盖燃烧物；大火应使用泡沫灭火器。发生火灾立即报警，同时使用灭火设备有效灭火。为了尽可能减少火灾，应尽量使用水浴或加热套进行加热操作，避免使用明火；长时间加热溶剂时，应使用冷凝装置等。

2. 外伤：玻璃割伤，伤口内若有玻璃碎片或污物，应立即清除干净，然后涂抹红药水并包扎；烫伤或火伤，切勿用水冲洗，应在伤处涂抹少许苦味酸溶液、万花油或烫伤膏；酸碱伤眼，立即用水冲洗，然后用碳酸氢钠溶液或硼酸溶液冲洗，再用水冲洗。为了避免意外事故，要严格遵守实验室安全规则，养成良好的实验习惯，在从事不熟悉和危险的实验时，应更加小心谨慎，防止因操作不当而引发以上事故。

3. 触电：电气设备要妥善接地，以免发生触电事故，万一发生触电，要立即切断电源，并对触电者进行急救。

4. 中毒：吸入有毒气体（如煤气、氯气、硫化氢等）而感到不舒服时，应及时到窗口或室外呼吸新鲜空气。同时在实验室内不得饮食和喝水，养成工作完毕离开实验室之前洗手的习惯。

1.3　试剂保管和废弃试剂处理

1.3.1　试剂的存放保管

实验室所用试剂，不得随意遗弃。有些有机化合物遇到氧化剂会发生猛烈爆炸或燃烧，操作时应当特别小心。因此化学试剂应根据它们的化学性质分门别类，妥善存放在适当的场所。要做到以下几点要求：

1. 实验室的各工作室内不要贮存过多的化学试剂，暂时不用的可贮存在专门的贮藏室中。药品贮藏室最好不向阳，但室内要干燥、通风。如化学试剂用量不多，可设专柜贮存。工作室内的药品柜应按试剂的性质分类存放。盐类可按阴离子分类，也可以按阳离子分类，并按此登记造册，以便于查找和取用。工作室内，如有少量的易挥发的试剂盒有机易燃试剂，应放在底层柜或通风柜下贮存，下铺沙子，以使放置牢固，并方便灭火。

2. 实验室内属于危险品的化学试剂，应按国家公安部门的规定设立危险品仓库或危险品专柜贮存。危险品专柜应为铁制，贮存时应按性质分类、分柜保管，避免混淆引起更大的危险（如易燃品。还原剂不应和氧化剂放在一起）。

注意：严格按类分别放置试剂盒药品，减少安全隐患。

3. 化学试剂的使用注意事项：

1）取试剂的药勺，必须干净干燥。高纯试剂或基准试剂取出后不得再倒回瓶内。

2）使用有机溶剂或挥发性强的试剂应在通风良好的地方或排风柜内进行。任何情况下都不准用明火直接加热有机溶剂。

3）不得在酸性条件下使用氰化物，使用时要严防溅洒、沾污。

4）配制和使用剧毒试剂，应在有人监护下，穿戴好防护用具，在排风柜内配制好使用。皮肤有外伤的人不得配制使用剧毒试剂。剧毒试剂瓶标签上应注明"剧毒"字样。未用完的溶液应放在指定的铁柜内加锁保管，试验完后应进行无毒化处理，不得直接排入下水道。

5）开启易挥发的试剂瓶时，尤其在夏季室温较高的情况下，应先经流水冷却后，盖上湿布再打开。开启时瓶口不可对着自己或他人，以防气、液冲出发生伤害事故。

1.3.2　废弃试剂处理

在高分子化学实验中产生的废弃试剂大多来源于聚合物的纯化过程，如聚合物的沉淀、分级和抽提。而废弃的化学试剂不可倒入下水道中，应分类加以收集、回收再利用等。对无害的固体废弃物可以作为垃圾处理掉，如色谱填料和干燥用的无机盐等；有害的化学药品则应进行适当的处理。对反应过程中产生的有害气体，应按规定进行处理，以免污染环境，影响身体健康。要求简介如下：

1. 废弃物的分类。

废弃物可分为一般废弃物，实验废弃物。实验废弃物是指实验过程中产生的三废（废气、废液、废渣）物质，实验用剧毒品（麻醉品、药品）残留物。一般废弃物存放于黑色塑料袋中。其他实验废弃物按相关规定处理。

2. 三废（废气、废液、废渣）物质的处理规定。

1）严格控制污染空气，实验过程中产生的废气、废液、废渣及其他废弃物，提倡综合利用。无法利用的废弃物严禁乱倒乱扔。

2）实验中产生的有毒有害气体要达到国家允许的排放标准后，再利用通风设施排入大气。全体室验项目的实验室要安装排风设施，保持室内空气流通。

3）实验中产生的有毒有害气体要达到国家废水、废渣排放标准，严禁倒入下水道或水池；对废酸、废碱液需中和再排放；对于有机废液或有害残渣，实验室应回收保存。

3. 盛装、研磨、称量用的剧毒物品的工具必须固定，不得挪作他用，或乱扔乱放，使用后的包装交回剧毒物品管理员处存放，最后再进行处理。

4. 对有害废弃物的清运、处理应做好记录。

5. 违反环保法或上述条款造成环境严重污染或事故者，一切后果由肇事者自负。

6. 有毒有害样品处置规程：

分析化学实验过程中要产生"三废"，其中大多数都是有毒有害物质，如果直接排放将会污染环境，损害人体健康。尽管实验过程中所产生的"三废"物质量少且复杂，但必须经过必要的处理后才能排放。

下面是几种有毒有害物质的处理方法：

1）含无机酸类废液：将废酸液慢慢倒入过量的含碳酸钠或氢氧化钙的水溶液中或用废碱互相中和，中和后用大量的清水冲洗。

2）氢氧化钠、氨水：用 6 mol/L 盐酸中和，或用废酸互相中和，中和后用大量的清水冲洗。

3）酸液：用氢氧化钠水溶液中和，或用废碱互相中和，中和后用大量的清水冲洗。

4）含铬废液：向废液中投加还原剂（如硫酸亚铁、亚硫酸氢钠、二氧化硫、水合肼等），在酸性条件下将 Cr^{6+} 还原为 Cr^{3+}。然后投加碱剂（如氢氧化钠、氢氧化钙、碳酸钠等），调节 pH 值，使 Cr^{3+} 形成 $Cr(OH)_3$ 沉淀除去，并经脱水干燥后综合利用。

5）汞：若不小心将金属汞散失在实验室里（如打碎压力计、温度计等），须立即用滴管、毛笔等收集起来用水覆盖，并在地面喷洒 20% 三氯化铁水溶液或硫磺粉后清扫干净，如室内汞蒸气浓度 > 0.01 mg/m³ 可用碘净化；含汞盐的废液可先调节 pH 至 6～10，加入过量硫化钠，再加入硫酸亚铁，清液可排放，残渣用焙烧法回收汞可重蒸馏收回或埋于地深处以防污染环境。

1.4 常用仪器的基本操作

1.4.1 常用玻璃仪器

玻璃仪器按玻璃的性质不同可以简单地分为软质玻璃仪器和硬质玻璃仪器两类。软质玻璃承受温差的性能、硬度和耐腐蚀性都比较差，但透明度比较好，一般用来制造不需要加热的仪器，如试剂瓶、漏斗、量筒、吸管等。硬质玻璃具有良好的耐受温差变化的性能，用它制造的仪器可以直接用灯火加热，这类仪器耐腐蚀性强、耐热性能以及耐冲击性能都比较好，常见的烧杯、烧瓶、试管、蒸馏器和冷凝管等都用硬质玻璃制作。

玻璃仪器按用途分，可以分为：容器类、量器类和其他常用器皿三大类。

1.4.1.1 烧　杯

常用的烧杯有低型烧杯、高型烧杯、三角烧杯等三种（见图 1.1，表 1.1），主要用于配制溶液，煮沸、蒸发、浓缩溶液，进行化学反应以及少量物质的制备等。烧杯用硬质玻璃制造，它可承受 500 °C 以下的温度，在火焰上可直接或隔石棉网加热，也可选用水浴、油浴或砂浴等加热方式。烧杯的规格从 25 mL 至 5 000 mL 不等。

低型烧杯　　　　　高型烧杯　　　　　三角烧杯

图 1.1

表 1.1　烧杯的主要规格

名称	容量（mL）	高度（mm）	外径（mm）
低型烧杯	50	58	46
	100	72	52
	250	94	69
	500	115	87
	1 000	150	110
高型烧杯	50	67	40
	100	88	45
	250	122	60
	600	165	80
	1 000	195	100
三角烧杯			口外径/底外径
	125	110	34/55
	250	135	43/70
	500	155	53/88

1.4.1.2　烧　瓶

烧瓶用于加热煮沸，以及物质间的化学反应，主要有平底烧瓶、圆底烧瓶、三角烧瓶和定碘烧瓶（见图 1.2，表 1.2，1.3）。平底烧瓶不能直接用火加热，圆底烧瓶可以直接用火加热，但两者都不能骤冷，通常在热源与烧瓶之间加隔石棉网。三角烧瓶也称锥形瓶，加热时可避免液体大量蒸发，反应时便于摇动，在滴定操作中经常用它做容器。蒸馏烧瓶是供蒸馏使用的，蒸馏常用的还有三口烧瓶和四口烧瓶。

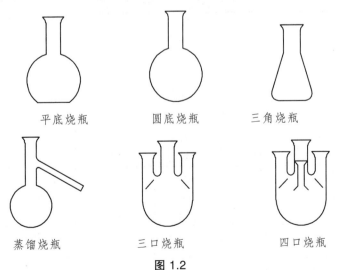

平底烧瓶　　　　圆底烧瓶　　　　三角烧瓶

蒸馏烧瓶　　　　三口烧瓶　　　　四口烧瓶

图 1.2

表 1.2　烧瓶的主要规格

名称	容量（mL）	瓶高（mm）	球（底）外径（mm）	颈外径（mm）
平底烧瓶	50	100	53	20
	100	120	65	21
	250	160	88	25
	500	200	110	30
	1 000	250	140	35
圆底烧瓶	50	100	53	20
	100	120	63	21
	250	165	88	25
	500	210	110	30
	1 000	260	140	35
三角烧瓶	50	90	52	20
	100	105	60	22
	150	120	69	25
	250	144	83	30
	500	195	100	35
	1 000	225	128	40
定碘烧瓶	50	110	55	20
	100	114	60	20
	250	155	83	26
	500	200	98	28
	1 000	220	130	33

表 1.3　蒸馏烧瓶的主要规格

名称	容量（mL）	全高（mm）	球外径（mm）	颈外径（mm）	中颈外径（mm）	侧颈外径（mm）
蒸馏烧瓶	30	122	42	18		
	60	150	57	20		
	125	190	70	23		
	250	220	88	25		
	500	270	100	30		
	1 000	350	140	35		
三口烧瓶	250	140	88		26	20
	500	175	100		30	22
	1 000	215	140		35	24
四口烧瓶	250	140	88		26	20
	500	175	100		30	22
	1 000	215	140		35	24

1.4.1.3　分馏管、冷凝管和接管

分馏管也称分馏柱或分凝器，主要用于分馏操作。常见的分馏管有无球分馏管、一球分馏管、二球分馏管、三球分馏管、四球分馏管和刺形分馏管。

冷凝管也称冷凝器，供蒸馏操作中冷凝用。常见的冷凝管有空气冷凝管、直形冷凝管、球形冷凝管、蛇形冷凝管、直形回流冷凝管和蛇形回流冷凝管。

接管是蒸馏时连接冷凝管用的，常见的有直形接管和弯形接管。如图 1.3，表 1.4，1.5，1.6 所示。

表 1.4　分馏管的主要规格

名称	刺形管长（mm）	管全长（mm）	管外径（mm）	球外径（mm）	下管外径（mm）
无球分馏管		200	15		
一球分馏管		250	17	40	
二球分馏管		300	17	40	
三球分馏管		400	17	35	
四球分馏管		460	17	35	
刺形分馏管	250	410	21		10
	500	690	25		12
	1 000	1 220	33		15

表 1.5　冷凝管的主要规格

名称	外套管长（mm）	球数（个）	全长（mm）	上管外径（mm）	下管外径（mm）
空气冷凝管			500		
			900		
直形冷凝管	200		360	18	11
	500		710	24	14
	1 000		1 250	28	18
球形冷凝管	200	4	350	18	11
	500	8	710	24	14
	1 000	12	1 250	28	18
	1 500	16	1 720	33	21
蛇形冷凝管	200		350	18	11
	500		710	24	14
	1 000		1 250	28	18
直形回流冷凝管	300		420		12
蛇形回流冷凝管	300		480	20	12
	600		810	24	15

表 1.6　接管的主要规格

管外径（mm）	全长（mm）	下管外径（mm）
15	150	8
18	150	8
25	180	10
30	200	12

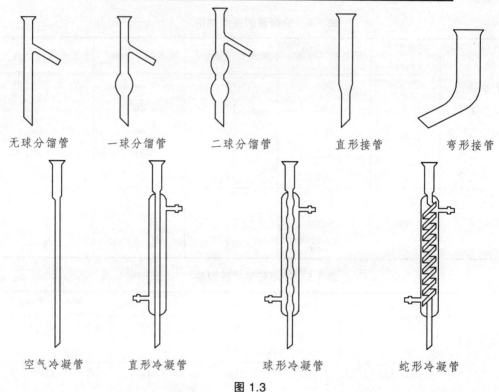

无球分馏管　　　一球分馏管　　　二球分馏管　　　直形接管　　　弯形接管

空气冷凝管　　　直形冷凝管　　　　球形冷凝管　　　　蛇形冷凝管

图 1.3

1.4.1.4　试管、离心管和比色管

试管主要用作少量试剂的反应容器，常用于定性试验。试管可直接用灯火加热，加热后不能骤冷。试管内盛放的液体量，如果不需要加热，不要超过 1/2；如果需要加热，不要超过 1/3。加热试管内的固体物质时，管口应略向下倾斜，以防凝结水回流至试管底部而使试管破裂。离心试管用于定性分析中的沉淀分离。常见的试管有普通试管、具支试管、刻度试管、具塞试管、尖底离心管、尖底刻度离心管和圆底刻度离心管等（见图 1.4，表 1.7，1.8）。

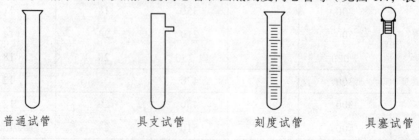

普通试管　　　　具支试管　　　　刻度试管　　　　具塞试管

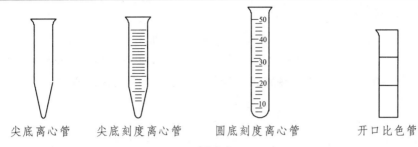

尖底离心管　　尖底刻度离心管　　圆底刻度离心管　　开口比色管

图 1.4

表 1.7　试管的主要规格

名称	管外径（mm）	全长（mm）	容量（mL）	最小分度（mL）
普通试管	10	100		
	15	150		
	21	150		
	25	180		
	41	225		
具支试管	12	100		
	15	150		
	21	150		
	25	200		
刻度试管	11	110	5	0.1
	14	130	10	0.2
	19	180	30	0.5
	23	200	50	1
具塞试管	12		5	
	15		10	
	16		15	
	18		20	

表 1.8　离心试管的主要规格

名称	管外径（mm）	全长（mm）	容量（mL）	最小分度（mL）
尖底离心管	17	110	10	
	23	140	25	
	33	150	50	
尖底刻度离心管	13	95	5	0.1
	17	110	10	0.1
	23	140	25	0.2
	33	150	50	0.2
圆底刻度离心管	35	100	50	1
	41	115	100	2

1.4.1.5　干燥器

干燥器的中下部口径略小，上面放置带孔的瓷板，瓷板上放置待干燥的物品，瓷板下面放有干燥剂（见图 1.5，表 1.9）。常用的干燥剂有 P_2O_5、碱石灰、硅胶、$CaSO_4$、CaO、$CaCl_2$、$CuSO_4$、浓硫酸等。固态干燥剂可直接放在瓷板下面，液态干燥剂放在小烧杯中，再放到瓷板下面。

干燥器主要用于保持固态、液态样品或产物的干燥，也用来存放防潮的小型贵重仪器和已经烘干的称量瓶、坩埚等。使用干燥器时，要沿边口涂抹一薄层凡士林研合均匀至透明，使顶盖与干燥器本身保持密合，不致漏气。开启顶盖时，应稍稍用力使干燥器顶盖向水平方向缓缓错开，取下的顶盖应翻过来放稳。热的物体应冷却到略高于室温时，再移入干燥器内。

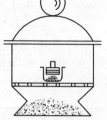

图 1.5　干燥器

干燥器直径从 100 mm 至 500 mm 不等。干燥器洗涤过后，要吹干或风干，切勿用加热或烘干的方法去除水气。久存的干燥器或室温低，顶盖打不开时，可用热毛巾或暖风吹化开启。

表 1.9　干燥器（附瓷板）的主要规格

口内径（mm）	全高（mm）	瓷板直径（mm）
100	165	92
210	320	185
300	450	275

1.4.1.6　试剂瓶

试剂瓶用于盛装各种试剂。常见的试剂瓶有小口试剂瓶、大口试剂瓶和滴瓶（见图 1.6、表 1.10）；附有磨砂玻璃片的大口试剂瓶常作集气瓶。试剂瓶有无色和棕色之分，棕色瓶用于盛装应避光的试剂。小口试剂瓶和滴瓶常用于盛放液体药品，大口试剂瓶常用于盛放固体药品。试剂瓶又有磨口和非磨口之分，一般非磨口试剂瓶用于盛装碱性溶液或浓盐溶液，使用橡皮塞或软木塞；磨口的试剂瓶盛装酸、非强碱性试剂或有机试剂，瓶塞不能调换，以防漏气。若长期不用，应在瓶口和瓶塞间加放纸条，便于开启。试剂瓶不能用火直接加热，不能在瓶内久贮浓碱、浓盐溶液。

小口试剂瓶

大口试剂瓶

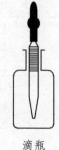

滴瓶

图 1.6

表 1.10　试剂瓶的主要规格

名称	容量（mL）	瓶高（mm）	瓶外径（mm）	瓶口外径（mm）
小口试剂瓶	30	76	40	18
	125	110	57	24
	250	135	70	27
	500	172	85	33
	1 000	202	106	38
大口试剂瓶	30	72	40	25
	125	108	57	38
	250	130	70	50
	500	165	85	58
	1 000	188	106	65
滴瓶（附胶头）	30	76	40	
	60	85	46	
	125	110	57	

1.4.1.7　过滤瓶

过滤瓶也称抽滤瓶，主要供晶体或沉淀进行减压过滤用，如表 1.11 所示。

表 1.11　过滤瓶的主要规格

容量（mL）	瓶高（mm）	底外径（mm）	瓶颈外径（mm）
250	160	90	33
500	200	115	40
1 000	240	140	44

1.4.1.8　表面皿和蒸发皿

表面皿主要用作烧杯的盖，防止灰尘落入和加热时液体迸溅等。表面皿不能直接用火加热。蒸发皿有平底和圆底两种形状，主要用于使液体蒸发，能耐高温，但不宜骤冷。蒸发溶液时一般放在石棉网上加热，如液体量多，可直接加热，但液体量以不超过深度的 2/3 为宜。如图 1.7 所示。

表面皿　　　　　平底蒸发皿　　　　　圆底蒸发皿

图 1.7

1.4.2　常用仪器

1.4.2.1　电子天平

1. 称量前先明确天平的量程及精度范围。

2. 使用天平者在操作过程中必须要小心谨慎，做到轻放、轻拿、轻开、轻关，不要碰撞操作台，读数时，人身体的任何部位不能碰着操作台。

3. 接通电源，仪器预热 10 min。

4. 轻轻并短暂地按 "ON" 键，天平进行自动校正，待稳定后，即可开始称量。

5. 轻轻地向后推开右边玻璃门，放入容器或称量纸（试样不得直接放入称量盘中），天平显示容器重量，待显示器左边 "0" 标志消失后，即可读数。

6. 短暂的按 "TAR" 键，天平回零。

7. 放入试样，待天平显示稳定后，即可读数。

8. 重复 5～7 步骤，可连续称量。

9. 轻轻地按 "OFF" 键，显示器熄灭，关闭天平。

1.4.2.2 电 炉

1. 检查各接头是否接触良好。

2. 如用变压器调节加热时，应根据电炉规格选择变压器，线路不能接错。

3. 刚接上电源时，电炉逐渐变红，否则应立即切断电流，进行检查。

4. 加热时，玻璃器皿不能与电炉直接接触，需放上石棉网。金属容器不能与电炉丝直接接触，以免漏电。

5. 使用时不得将液体溅到红热的电炉丝上。

1.4.2.3 烘 箱

烘箱一般用来干燥仪器和药品，用分组电阻丝组进行加热，并有鼓风机加强箱内气体对流，同时排出潮湿气体，以热电偶恒温控制箱内温度。

使用步骤：

1. 检查电源（单相～220 V），并检查温度计的完整和各指示器、调节器非工作位置（指零）。

2. 把烘箱的电源插头插入电源插座。

3. 顺时针方向转动分组加热丝旋钮，同时顺时针方向转动温度计调节旋钮，红灯亮表示加热。

4. 当温度将达到所需的温度时，把调节器逆时针转到红灯忽亮忽灭处，10 min 左右看温度是否到达要求的温度，可用温度调节器进行调节，调到所需的温度止。

5. 烘箱用完后，将温度调节器的旋钮逆时针方向转动到零处，同时把分组加热旋钮到零，切断电源。

注意事项：

1. 使用前必须很好的检查（电源、各调节器旋转的位置）。

2. 严禁将含有大量水分的仪器和药品放进箱内。

3. 易燃、易爆、强腐蚀性及剧毒药品不得放入烘箱内烘干。

4. 使用温度不得超过烘箱使用的规定温度。

5. 用完后必须把各旋钮回到零，再切断电源。

6. 要求绝对干燥的仪器和药品，应该在箱内把温度降到室温才可取出。

7. 使用温度要低于药品的熔点、沸点。

8. 药品等撒在箱内时，必须及时处理，打扫干净。

1.4.2.4　调压器

1. 必须根据用电功率的大小而选用合适的调压器。选择调压器的原则是调压器的功率大于或等于用电的功率。

2. 电源电压必须与调压器输入端相同，决不能将 ~ 220 V 电源接到 ~ 110 V 上。

3. 必须正确连接调压器的输入和输出端。严禁反接，以防调压器烧坏，线路接好后，将手柄指针处于零处。

4. 使用之前，需经教师检查，才可接通电源。

5. 调压时速度要慢，逐渐增加到所需电压，手柄指针达到最低点和最高点时，不可用力过猛，使用过程中如发现严重的发热现象应停止使用。

6. 使用完毕，将指针转回到零处，再切断电源。

1.4.2.5　搅拌马达

1. 使用马达调节转速时，开始用手帮助慢慢启动马达，当搅拌转动时，速度从小到大逐渐增大，绝不能一下子转速就很大，以免损坏仪器。

2. 根据实验所需，选择适当的转速，不要时快时慢。

3. 使用时，若发现马达发烫，应立即停止使用，马达转动时间不宜过长，一般 5 ~ 6 h。

4. 马达应放在干燥的地方保存。

1.4.2.6　循环水真空泵

真空泵是用来形成真空的有效方法，循环水真空泵是以循环水为工作流体，利用流体射流技术产生负压而进行工作的一种真空抽气泵。常用作于真空回流、真空干燥等。

使用规程：

1. 打开泵的台面，将进水口与水管连接。

2. 加水至水位浮标指示为上，接上电源。

3. 将实验装置套管接在真空吸头上，启动工作按钮，指示灯亮，即开始工作。一般循环水真空泵配有两个并联吸头（各装有真空表），可同时抽气使用，也可使用一个。

1.4.2.7　真空蒸馏装置

1. 安装真空蒸馏的仪器时，必须选择大小合适的橡皮塞，最好选用磨口真空蒸馏装置。

2. 蒸馏液内含有大量的低沸点物质，需先在常压下蒸馏，使大部分低沸点物质蒸出，然后用水泵减压蒸馏，使低沸点物除尽。

3. 停止加热，回收低沸物，检查仪器各部分连接情况，使之密合。

4. 开动油泵，再慢慢关闭安全阀，并观察压力计上压力是否达到要求，如达不到要求，可用安全阀进行调节。

5. 待压力达到恒定合乎要求时，再开始加热蒸馏瓶，蒸馏单体时，应在蒸馏瓶内加入少许沸石（一般使用油浴，其温度高于蒸馏液沸点的 20 ~ 30 ℃，难挥发的高沸点物在后阶段可高 30 ~ 50 ℃）。

6. 蒸馏结束，先移去热源，待稍冷些，再同时逐渐打开安全活塞，等压力计内水银柱平衡下降时，停止抽气，等系统内外压力平衡后，拆下仪器，洗净。

1.5 实验学习的方法及要求

高分子化学合成实验课程的学习最重要是以学生动手操作为主，以教师必要的指导和督促为辅。能做好一个完整的高分子化学合成实验，除了要求实验操作以外，还必须要求学生做好实验预习和实验后写好实验报告。

1.5.1 实验预习

1. 实验目的和要求，实验原理和反应方程式，需用的仪器和装置的名称及性能，溶液的浓度及配制方法，主要的试剂和产物的理化常数，主要试剂的规格用量都要一一写明。

2. 根据实验内容用自己的语言正确地写出简明的实验步骤（不要照抄！），关键之处应加以注明。步骤中的内容可用符号简化。例如，化合物只写分子式；加热用"△"、加用"＋"、沉淀用"↓"、气体逸出用"↑"等符号表示，仪器以示意图代之。这样在实验前已形成了一个工作提纲，实验时按此提纲进行。

3. 制备实验和提纯实验应列出制备或纯化过程和原理。

4. 对于实验中可能会出现的问题（包括安全问题和导致实验失败的因素）要写出防范措施和解决办法。

1.5.2 实验记录

1. 实验时除了认真操作、仔细观察、积极思考外，还应及时地将观察到的实验现象及测得的各种数据如实地记录在专门的记录本上。记录必须做到简明、扼要、字迹整洁。

2. 如果发现实验现象和理论不符合，应认真检查原因，遇到疑难问题而自己难以解释时，可提请教师解答。

3. 在实验过程中应保持肃静，严格遵守实验操作规程。

4. 实验完毕后，将实验记录交教师审阅。

1.5.3 实验数据处理

高分子化学实验主要是要求学生掌握由单体到聚合物的几种工艺实施方法，通过实验现象的观察可以看到实验的最终结果。因此高分子化学的数据处理相对比较简单，一般只是简单地计算产物的收率。

1.5.4 实验报告要求

实验报告是实验工作的全面总结，是教师考核学生实验成绩的主要依据。实验报告是学生分析、归纳、总结实验数据，讨论实验结果并把实验获得的感性认识上升为理性认识的过程。实验报告要用规定的实验报告纸书写，要求语言通顺、图表清晰、分析合理、讨论深入，处理数据应由每人独立进行，不能多人合写一份报告。实验报告要真实反映实验结果，不得伪造。

具体包括如下内容：

1. 实验题目、实验者姓名、班级和实验日期；

2. 实验目的和要求；

3. 主要实验仪器、设备与材料；

4. 实验原理；

5. 实验步骤（流程图）；

6. 实验原始记录；

7. 实验数据计算结果；

8. 思考题；

9. 结果分析，实验心得与体会。

第 2 章　聚合方法介绍

2.1　概　述

与无机、有机合成不同，聚合物合成除了要研究反应机理外，还存在一个聚合方法问题，即完成一个聚合反应所采用的方法。从聚合物的合成看，第一步是化学合成路线的研究，主要是聚合反应机理、反应条件（如引发剂、溶剂、温度、压力、反应时间等）的研究；第二步是聚合工艺条件的研究，主要是聚合方法、原料精制、产物分离及后处理等研究。聚合方法的研究虽然与聚合反应工程密切相关，但与聚合反应机理亦有很大关联。

聚合方法是为完成聚合反应而确立的，聚合机理不同，所采用的聚合方法也不同。连锁聚合采用的聚合方法主要有本体聚合、悬浮聚合、溶液聚合和乳液聚合。进一步看，由于自由基相对稳定，因而自由基聚合可以采用上述四种聚合方法；离子型聚合则由于活性中心对杂质的敏感性而多采用溶液聚合或本体聚合。逐步聚合采用的聚合方法主要有熔融缩聚、溶液缩聚、界面缩聚和固相缩聚。

反应机理相同而聚合方法不同时，体系的聚合反应动力学、自动加速效应、链转移反应等往往有不同的表现，因此单体和聚合反应机理相同但采用不同聚合方法所得产物的分子结构、相对分子质量、相对分子质量分布等往往会有很大差别。为满足不同的制品性能，工业上一种单体采用多种聚合方法十分常见。如同样是苯乙烯自由基聚合（相对分子质量100 000～400 000，相对分子质量分布2～4），用于挤塑或注塑成型的通用型聚苯乙烯（GPS）多采用本体聚合，可发型聚苯乙烯（EPS）主要采用悬浮聚合，而高抗冲聚苯乙烯（HIPS）则采用溶液聚合-本体聚合联用。

均相聚合与非均相聚合（沉淀聚合）：

1. 均相聚合：聚合产物可溶于单体或溶剂的聚合，如苯乙烯、MMA（甲基丙烯酸甲酯）等。

2. 非均相聚合（沉淀聚合）：聚合产物不可溶于单体或溶剂的聚合，如乙烯、氯乙烯等。聚合体系和实施方法示例见表2.1。

聚合方法本身没有严格的分类标准，它是以体系自身的特征为基础确立的，相互间既有共性又有个性，从不同的角度出发可以有不同的划分。上面所介绍的聚合方法种类，主要是以体系组成为基础划分的。如以最常用的相溶性为标准，则本体聚合、溶液聚合、熔融缩聚和溶液缩聚可归为均相聚合；悬浮聚合、乳液聚合、界面缩聚和固相缩聚可归为非均相聚合。但从单体-聚合物的角度看，上述划分并不严格。如聚氯乙烯不溶于氯乙烯，则氯乙烯不论是本体聚合还是溶液聚合都是非均相聚合；苯乙烯是聚苯乙烯的良溶剂，则苯乙烯不论是悬浮聚合还是乳液聚合都为均相聚合；而乙烯、丙烯在短类溶剂中进行配位聚合时，聚乙烯、聚丙烯将从溶液中沉析出来成悬浮液，这种聚合称为溶液沉淀聚合或淤浆聚合。如果再进一步，则需要考虑引发剂、单体、聚合物、反应介质等诸多因素间的互溶性，这样问题会更复杂。

表 2.1 聚合体系和实施方法示例

单体-介质体系	聚合方法	聚合物-单体〈或溶剂〉体系	
		均相聚合	沉淀聚合
均相体系	本体聚合 气 态 液 态 固 态	乙烯高压聚合 苯乙烯、丙烯酸醋类	氯乙烯、丙烯腈 丙烯酷胺
	溶液聚合	苯乙烯-苯 丙烯酸-水 丙烯腈-二甲基甲酷胺	苯乙烯-甲醇 丙烯酸-己烷 丙烯腈-水
非均相体系	悬浮聚合	苯乙烯 甲基丙烯酸甲酯	氯乙烯
	乳液聚合	苯乙烯、丁二烯	氯乙烯

2.2 自由基聚合实施方法

在聚合物生产发展史上，长期以来自由基聚合一直占领先地位，目前仍占较大的比重。在高分子合成工业中，自由基聚合的产品占高聚物总产量的 70% 以上。

自由基聚合有四种基本的实施方法：本体聚合、溶液聚合、悬浮聚合、乳液聚合。

2.2.1 本体聚合

不加其他介质，单体在引发剂或催化剂或热、光、辐射等其他引发方法作用下进行的聚合称为本体聚合。对于热引发、光引发或高能辐射引发，则体系仅由单体组成。

引发剂或催化剂的选用除了从聚合反应本身需要考虑外，还要求与单体有良好的相溶性。由于多数单体是油溶性的，因此多选用油溶性引发剂。此外，根据需要再加入其他试剂，如相对分子质量调节剂、润滑剂等。

本体聚合的最大优点是体系组成简单，因而产物纯净，特别适用于生产板材、型材等透明制品。反应产物可直接加工成型或挤出造粒，由于不需要产物与介质分离及介质回收等后续处理工艺操作，因而聚合装置及工艺流程相应也比其他聚合方法要简单，生产成本低。各种聚合反应几乎都可以采用本体聚合，如自由基聚合、离子型聚合、配位聚合等。缩聚反应也可采用，如固相缩聚、熔融缩聚一般都属于本体聚合。气态、液态和固态单体均可进行本体聚合，其中液态单体的本体聚合最为重要。

本体聚合的最大不足是反应热不易排除。转化率提高后，体系温度增大，出现自动加速效应，体系容易出现局部过热，使副反应加剧，导致相对分子质量分布变宽、支化度加大、局部交联等；严重时会导致聚合反应失控，引起爆聚。因此控制聚合热并及时散热是本体聚合中一个重要的、必须解决的工艺问题。由于这一缺点本体聚合的工业应用受到一定的限制，不如悬浮聚合和乳液聚合应用广泛。

本体聚合工业生产实例见表2.2。

表2.2　本体聚合工业生产实例

聚合物	引发剂	工艺过程	产品特点与用途
聚甲基丙烯酸甲酯	BPO 或 AIBN	第一段预聚到转化率 10% 左右的黏稠浆液，浇模升温聚合，高温后处理，脱模成材	光学性能优于无机玻璃，可用作航空玻璃、光导纤维、标牌等
聚苯乙烯	BPO 或热引发	第一段于 80～90 ℃ 预聚到转化率 30%～35%，流入聚合塔，温度由 160 ℃ 递增至 225 ℃ 聚合，最后熔体挤出造粒	电绝缘性好、透明、易染色、易加工，多用于家电与仪表外亮、光学零件、生活日用品等
聚氯乙烯	过氧化乙酰基磺酸	第一段预聚到转化率 7%～11%，形成颗粒骨架，第二阶段继续沉淀聚合，最后以粉状出料	具有悬浮树脂的疏松特性，且无皮膜、较纯净
高压聚乙烯	微量氧	管式反应器，180～200 ℃、150～200 MPa 连续聚合，转化率 15%～30% 熔体挤出出料	分子链上带有多个小支链，密度低（LDPE），结晶度低，适于制薄膜
聚丙烯	高效载体配位催化剂	催化剂与单体进行预聚，再进入环式反应器与液态丙烯聚合，转化率 40% 出料	比淤浆法投资少 40%～50%

2.2.2　溶液聚合

单体和引发剂或催化剂溶于适当的溶剂中的聚合反应称为溶液聚合。溶液聚合体系主要由单体、引发剂或催化剂和溶剂组成。

引发剂或催化剂的选择与本体聚合要求相同。由于体系中有溶剂存在，因此要同时考虑在单体和溶剂中的溶解性。

溶液聚合中溶剂的选择主要考虑以下几方面：溶解性，包括对引发剂、单体、聚合物的溶解性；活性，即尽可能的不产生副反应及其他不良影响，如反应速率、微观结构等。此外，还应考虑易于回收、便于再精制、无毒、易得、价廉、便于运输和贮藏等方面。

溶液聚合为一均相聚合体系，与本体聚合相比最大的好处是溶剂的加入有利于导出聚合热，同时利于降低体系黏度，减弱凝胶效应，在涂料、黏合剂等领域应用时聚合液可直接使用而无需分离。

溶液聚合的不足是加入溶剂后容易引起诸如诱导分解、链转移之类的副反应；同时溶剂的回收、精制增加了设备及成本，并加大了工艺控制难度。另外，溶剂的加入一方面降低了单体及引发剂的浓度，致使溶液聚合的反应速率比本体聚合要低；另一方面降低了反应装置的利用率。因此，提高单体浓度是溶液聚合的一个重要研究领域。溶液聚合工业生产实例见表2.3。

表 2.3　溶液聚合工业生产实例

单　体	引发剂或催化剂	溶剂	聚合机理	产物特点与用途
丙烯腈	AIBN	硫氢化钠水溶液	自由基聚合	纺丝液
	氧-还体系	水	自由基聚合	配制纺丝液
醋酸乙烯酯	AIBN	甲　醇	自由基聚合	制备聚乙烯醇、维纶的原料
丙烯酸酯类	BPO	芳　烃	自由基聚合	涂料、黏合剂
丁二烯	配位催化剂	正己烷	配位聚合	顺丁橡胶
	BuLi	环己烷	阴离子聚合	低顺式聚丁二烯
异丁烯	BF_3	异丁烷	阳离子聚合	相对分子质量低，用于黏合剂、密封材料

2.2.3　乳液聚合

单体在水介质中，由乳化剂分散成乳液状态进行的聚合称为乳液聚合。体系主要由单体、引发剂、乳化剂和分散介质组成。

单体为油溶性单体，一般不溶于水或微溶于水。引发剂为水溶性引发剂，对于氧化-还原引发体系，允许引发体系中某一组分为水溶性。分散介质为无离子水，以避免水中的各种杂质干扰引发剂和乳化剂的正常作用。

乳化剂是决定乳液聚合成败的关键组分。乳化剂分子由非极性基团和极性基团两部分组成。根据极性基团的性质可将乳化剂分为阴离子型、阳离子型、两性型和非离子型几类。

除了以上主要组分，根据需要有时还加入一些其他组分，如第二还原剂、pH 调节剂、相对分子质量调节剂、抗冻剂等。

乳液聚合的一个显著特点是引发剂与单体处于两相，引发剂分解形成的活性中心只有扩散进增溶胶束才能进行聚合，通过控制这种扩散，可增加乳胶粒中活性中心寿命，因而可得到高相对分子质量的聚合物，通过调节乳胶粒数量，可调节聚合反应速率。与上述几种聚合方法相比，乳液聚合可同时提高相对分子质量和聚合反应速率，因而适宜一些需要高相对分子质量的聚合物合成，如第一大品种合成橡胶（丁苯橡胶）即采用的乳液聚合。对一些直接使用乳液的聚合物，也可采用乳液聚合。与悬浮聚合相比，由于乳化剂的作用强于悬浮剂，因而体系稳定。乳液聚合的不足是聚合体系及后处理复杂。

2.2.4　悬浮聚合

单体以小液滴状悬浮在分散介质中的聚合反应称为悬浮聚合。体系主要由单体、引发剂、悬浮剂和分散介质组成。

单体为油溶性单体，要求在水中有尽可能小的溶解性。引发剂为油溶性引发剂，选择原则与本体聚合相同。分散介质为水，为避免副反应，一般用无离子水。悬浮剂的种类不同，作用机理也不相同。水溶性有机高分子为两亲性结构，亲油的大分子链吸附于单体液滴表面，分子链上的亲水基团靠向水相，这样在单体液滴表面形成了一层保护膜，起着保护液滴的作用。此外，聚乙烯醇、明胶等还有降低表面张力的作用，使液滴更小。非水溶性无机粉末主要是吸附于液滴表面，起一种机械隔离作用。悬浮剂种类和用量的确定随聚合物的种类和颗粒要求而定。除颗粒大小和形状外，尚需考虑产物的透明性和成膜性能等。

在正常的悬浮聚合体系中，单体和引发剂为一相，分散介质水为另一相。在搅拌和悬浮剂的保护作用下，单体和引发剂以小液滴的形式分散于水中。当达到反应温度后，引发剂分解，聚合开始。从相态上可以判断出聚合反应发生于单体液滴内。这时，对于每一个单体小液滴来说，相当于一个小的本体聚合体系，保持有本体聚合的基本优点。由于单体小液滴外部是大量的水，因而液滴内的反应热可以迅速地导出，进而克服了本体聚合反应热不易排出的缺点。

悬浮聚合的不足是体系组成复杂，导致产物纯度下降。另一方面，聚合后期随转化率提高，体系内小液滴变黏，为防止粒子结块，对悬浮剂种类、用量、搅拌桨形式、转速等均有较高要求。

悬浮聚合工业生产实例见表 2.4，自由基聚合实施方法比较见表 2.5。

表 2.4　悬浮聚合工业生产实例

单　体	引发剂	悬浮剂	分散介质	产物用途
氯乙烯	过碳酸酯-过氧化二月桂酰	羟丙基纤维素-部分水解 PVA	无离子水	各种型材、电绝缘材料、薄膜
苯乙烯	BPO	PVA	无离子水	珠状产品
甲基丙烯酸甲酯	BPO	碱式碳酸镁	无离子水	珠状产品
丙烯酰胺	过硫酸钾	Span-60	庚　烷	水处理剂

表 2.5　自由基聚合实施方法比较

实施方法	本体聚合	溶液聚合	悬浮聚合	乳液聚合
配方主要成分	单体、引发剂	单体引发剂、溶剂	单体、引发剂、分散剂、水	单体、引发剂、乳化剂、水
聚合场所	单体内	溶剂内	单体内	胶束内
聚合机理	自由基聚合一般机理，聚合速度上升，聚合度下降	容易向溶剂转移，聚合速率和聚合度都较低	类似本体聚合	能同时提高聚合速率和聚合度
生产特征	设备简单，易制备板材和型材，一般间歇法生产，热不容易导出	传热容易，可连续生产，产物为溶液状	传热容易，间歇法生产，后续工艺复杂	传热容易，可连续生产，产物为乳液状，制备成固体，后续工艺复杂
产物特性	聚合物纯净，相对分子质量分布较宽	相对分子质量较小，分布较宽，聚合物溶液可直接使用	较纯净，留有少量分散剂	留有乳化剂和其他助剂，纯净度较差

2.3　逐步聚合实施方法

2.3.1　熔融缩聚

在单体、聚合物和少量催化剂熔点以上（一般高于熔点 10～25 ℃）进行的缩聚反应称为

熔融缩聚。熔融缩聚为均相反应，符合缩聚反应的一般特点，也是应用

熔融缩聚的反应温度一般在 200 ℃ 以上。对于室温反应速率小的
度有利于加快反应，但即使提高温度熔融缩聚反应一般也需数小时。
有利于排出反应过程中产生的小分子，使缩聚反应向正向发展，尤其
空下进行或采用薄层缩聚法。由于反应温度高，在缩聚反应中经常发
反应、裂解反应、氧化降解、脱羧反应等。因此，在缩聚反应体系中
应在惰性气体（如氮气）保护下进行。由于熔融缩聚的反应温度一般
备高熔点的耐高温聚合物需采用其他方法。

熔融缩聚可采用间歇法，也可采用连续法。工业上合成涤纶、醋
聚酰胺等，采用的都是熔融缩聚。

2.3.2　溶液缩聚

单体、催化剂在溶剂中进行的缩聚反应称为溶液缩聚。根据反应温度，可分
缩聚和低温溶液缩聚，反应温度在 100 ℃ 以下的称为低温溶液缩聚。由于反应温
要求单体有较高的反应活性。从相态上看，如产物溶于溶剂，为真正的均相反应；如
溶剂，产物在聚合过程中由体系自动析出，则是非均相过程。

溶液缩聚中溶剂的作用十分重要，一是有利于热交换，避免了局部过热现象，比熔
聚反应缓和、平稳。二是对于平衡反应，溶剂的存在有利于除去小分子，不需真空系统，另
外对于与溶剂不互溶的小分子，可以将其有效地排除在缩聚反应体系之外。如聚酰胺副产物
为水，可选用与水亲和性小的溶剂，当小分子与溶剂可形成共沸物时，可以很方便地将其夹
带出体系。如在聚酯反应中，溶剂甲苯可与副产物水形成水含量 20%、沸点为 81.4 ℃ 的共
沸物，这种反应有时称为恒沸缩聚。而当小分子沸点较低时，可选用高沸点溶剂，使小分子
在反应过程中不断蒸发。三是对于不平衡缩聚反应，溶剂有时可起小分子接受体的作用，阻
止小分子参与的副反应发生，如二元胺和二元酰氯的反应，选用碱性强的二甲基乙酰胺或吡
啶为溶剂，可与副产物 HCl 很好地结合，阻止 HCl 与氨基生成非活性产物。四是起缩合剂作
用，如合成聚苯并咪唑时，多聚磷酸既是溶剂又是缩合剂。

与溶液聚合相同，溶液缩聚时溶剂的选择很重要，需注意以下几方面：一是溶解性，尽
可能地使体系为均相反应，例如对二苯甲烷-4，4-二异氰酸酯与乙二醇的溶液缩聚反应，如
以与聚合物不溶的二甲苯或氯苯为溶剂，聚合物会过早地析出低聚物；如用与单体和聚合物
都可溶的二甲亚砜为溶剂，产物为高相对分子质量聚合物。二是极性，由于缩聚反应单体的
极性较大，多数情况下增加溶剂极性有利于提高反应速率，增加产物相对分子质量。三是溶
剂化作用，如溶剂与产物生成稳定的溶剂化产物，会使反应活化能升高，降低反应速率；如
与离子型中间体形成稳定溶剂化产物，则可降低反应活化能，提高反应速率。四是副反应，
溶剂的引入往往会产生一些副反应，在选择溶剂时要格外注意。

溶液缩聚的不足在于溶剂的回收增加了成本，使工艺控制复杂，且存在三废问题。溶液
缩聚在工业上应用规模仅次于熔融缩聚，许多性能优良的工程塑料都是采用溶液缩聚法合成
的，如聚芳酰亚胺、聚砜、聚苯醚等。对于一些直接使用溶液的产物，如涂料等也采用溶液
缩聚。

界面缩聚

于不同的相态中，在相界面处发生的缩聚反应称界面缩聚。界面缩聚为非均相体
看可分为液-液和气-液界面缩聚；从操作工艺看可分为不进行搅拌的静态界面缩
搅拌的动态界面缩聚。

缩聚的特点：一是为复相反应。如实验室用界面缩聚法合成聚酰胺是将己二胺溶
中（以中和掉反应中生成的 HCl），将癸二酰氯溶于氯仿，然后加入烧杯中，在两相
发生聚酰胺化反应，产物成膜，不断将膜拉出，新的聚合物可在界面处不断生成，
拉成丝。二是反应温度低。由于只在两相的交接处发生反应，因此要求单体有高的反
性，能及时除去小分子，反应温度也可低一些（0～50 ℃），一般为不可逆缩聚，所以
抽真空以除去小分子。三是反应速率为扩散控制过程。由于单体反应活性高，因此反
速率主要取决于反应区间的单体浓度，即不同相态中单体向两相界面处的扩散速率。为
决这一问题，在许多界面缩聚体系中加入相转移催化剂，可使水相（甚至固相）的反应
顺利地转入有机相，从而促进两分子间的反应。常用的相转移催化剂主要有盐类如季铵
盐、大环醚类如冠醚和穴醚、高分子催化剂三类。四是相对分子质量对配料比敏感性小，
由于界面缩聚是非均相反应，对产物相对分子质量起影响的是反应区域中两单体的配比，
而不是整个两相中的单体浓度，因此要获得高产率和高相对分子质量的聚合物，两种单体
的最佳摩尔比并不总是 1∶1。

界面缩聚已广泛用于实验室及小规模合成聚酰胺、聚砜、含磷缩聚物和其他耐高温缩聚
物。由于活性高的单体如二元酰氯合成的成本高，反应中需使用和回收大量的溶剂及设备体
积庞大等不足，界面缩聚在工业上还未普遍采用。但由于它具备了以上几个优点，恰好弥补
了熔融缩聚的不足，因而是一种很有前途的方法。

2.3.4　固相缩聚

在原料（单体及聚合物）熔点或软化点以下进行的缩聚反应称为固相缩聚，由于不一定
是晶相，因此有的文献中称为固态缩聚。

固相缩聚大致分为三种：反应温度在单体熔点之下，这时无论单体还是反应生成的聚合
物均为固体，因而是"真正"的固相缩聚；反应温度在单体熔点以上，但在缩聚产物熔点以
下，反应分两步进行，先是单体以熔融缩聚或溶液缩聚的方式形成预聚物，然后在固态预聚
物熔点或软化点之下进行固相缩聚；体形缩聚反应和环化缩聚反应，这两类反应在反应程度
较深时，进一步的反应实际上是在固态进行的。

固相缩聚的主要特点为：反应速率低，表观活化能大，往往需要几十小时反应才能完成；
由于为非均相反应，因此是一个扩散控制过程；一般有明显的自催化作用。固相缩聚是在固
相化学反应的基础上发展起来的，它可制得高相对分子质量、高纯度的聚合物，特别是在制
备高熔点缩聚物、无机缩聚物及熔点以上容易分解的单体的缩聚（无法采用熔融缩聚）有着
其他方法无法比拟的优点。如用熔融缩聚法合成的涤纶，相对分子质量较低，通常只用作衣
料纤维，而固相缩聚法合成的涤纶，相对分子质量要高得多，可用作帘子和工程塑料。固相
缩聚尚处于研究阶段，目前已引起人们的关注。

2.4　聚合方法选择

一种聚合物可以通过几种不同的聚合方法进行合成，聚合方法的选择主要取决于要合成聚合物的性质和形态、相对分子质量和相对分子质量分布等。现在实验及生产技术已发展到可以用几种不同的聚合方法合成出同样的产品，这时产品质量好、设备投资少、生产成本低、三废污染小的聚合方法将得到优先发展。表 2.6、表 2.7 对前面介绍过的这种聚合方法做一小结。

表 2.6　各种链式聚合方法的比较

特征	本体聚合	溶液聚合	悬浮聚合	乳液聚合
配方主要成分	单体 引发剂	单体 引发剂 溶剂	单体 引发剂 水 分散剂	单体 引发剂 水 乳化剂
聚合场所	本体内	溶液内	单体液滴内	乳胶粒内
聚合机理	遵循自由基聚合一般机理,提高速率往往使相对分子质量降低	伴随有向溶剂的链转移反应,一般相对分子质量及反应速率较低	遵循自由基聚合一般机理,提高速率往往使相对分子质量降低	能同时提高聚合速率和相对分子质量
生产特征	反应热不易排出,间歇生产或连续生产,设备简单,宜制板材和型材	散热容易,可连续生产,不宜干燥粉状或粒状树脂	散热容易,间歇生产,需有分离、洗涤、干燥等工序	散热容易,可连续生产,制成固体树脂时需经凝聚、洗涤、干燥等工序
产物特征	聚合物纯净,宜于生产透明浅色制品,相对分子质量分布较宽	聚合液可直接使用	比较纯净,可能留有少量分散剂	留有少量乳化剂和其他助剂

表 2.7　各种缩聚实施方法比较

特点	熔融缩聚	溶液缩聚	界面缩聚	固相缩聚
优点	生产工艺过程简单,生产成本较低,可连续生产,设备的生产能力高	溶剂可降低反应温度,避免单体和聚合物分解;反应平稳易控制,与小分子共沸或反应而脱除;聚合物溶液可直接使用	反应条件温和,反应不可逆,对单体配比要求不严格	反应温度低于熔融缩聚温度,反应条件温和
缺点	反应温度高,单体配比要求严格,要求单体和聚合物在反应温度下不分解;反应物料黏度高,小分子不易脱除;局部过热会有副反应,对设备密封性要求高	增加聚合物分离、精制、溶剂回收等工序,加大成本且有三废;生产高相对分子质量产品需将溶剂脱除后进行熔融缩聚	必须用高活性单体,如酰氯,需要大量溶剂,产品不易精制	原料需充分混合,要求有一定细度,反应速率低,小分子不易扩散脱除
适用范围	广泛用于大品种缩聚物,如聚酯、聚酰胺	适用于聚合物反应后单体或聚合物易分离的产品,如芳香族、芳杂环聚合物等	芳香族酰氯生产芳酰胺等特种性能聚合物	更高相对分子质量缩聚物、难溶芳族聚合物合成

第3章 实验内容

3.1 自由基聚合实验

实验一 甲基丙烯酸甲酯本体聚合（有机玻璃板的制备）

一、实验目的

1. 了解本体聚合的特点，掌握本体聚合的实施方法，并观察整个聚合过程中体系黏度的变化过程。
2. 掌握本体浇注聚合的合成方法及有机玻璃的生产工艺。

二、实验原理

本体聚合是不加其他介质，只有单体本身在引发剂作用下进行的聚合，因此，本体聚合又称为块状聚合：它是在没有任何介质的情况下，单体本身在微量引发剂的引发下聚合，或者直接在热、光、辐射线的照射下引发聚合。本体聚合的优点是：生产过程比较简单，聚合物不需要后处理，可直接聚合成各种规格的板、棒、管制品，所需的辅助材料少，产品比较纯净。但是，由于聚合反应是一个连锁反应，反应速度较快，在反应某一阶段出现自动加速现象，反应放热比较集中；又因为体系黏度较大，传热效率很低，所以大量热不易排出，易造成局部过热，使产品变黄，出现气泡，而影响产品质量和性能，甚至会引起单体沸腾爆聚，使聚合失败。因此，本体聚合中严格控制不同阶段的反应温度，及时排出聚合热，乃是聚合成功的关键。当本体聚合至一定阶段后，体系黏度大大增加，这时大分子活性链移动困难，但单体分子的扩散并不受多大的影响，因此，链引发、链增长仍然照常进行，而链终止反应则因为黏度大而受到很大的抑制。这样，在聚合体系中活性链总浓度就不断增加，结果必然使聚合反应速度加快。又因为链终止速度减慢，活性链寿命延长，所以产物的相对分子质量也随之增加。这种反应速度加快，产物相对分子质量增加的现象称为自动加速现象（或称凝胶效应）。反应后期，单体浓度降低，体系黏度进一步增加，单体和大分子活性链的移动都很困难，因而反应速度减慢，产物的相对分子质量也降低。由于这种原因，聚合产物的相对分子质量不均一性（相对分子质量分布宽）就更为突出，这是本体聚合本身的特点所造成的。

对于不同的单体来讲，由于其聚合热不同，大分子活性链在聚合体系中的状态（伸展或卷曲）也不同；凝胶效应出现的早晚不同，其程度也不同。并不是所有单体都能选用本体聚合的实施方法，对于聚合热值过大的单体，由于热量排出更为困难，就不易采用本体聚合，一般选用聚合热适中的单体，以便于生产操作控制。甲基丙烯酸甲酯和苯乙烯的聚合热分别为 56.5 kJ/mol 和 69.9 kJ/mol，它们的聚合热是比较适中的，工业上已有大规模的生产。大分子活性链在聚合体系中的状态，是影响自动加速现象出现早晚的重要因素，比如，在聚合温度 50 ℃ 时，甲基丙烯酸甲酯聚合出现自动加速现象时的转化率为 10% ~ 15%，而苯乙烯在转化率为 30% 以上时，才出现自动加速现象。这是因为甲基丙烯酸甲酯对它的聚合物或大分子活性链的溶解性能不太好，大分子在其中呈卷曲状态，而苯乙烯对它的聚合物或大分子活性链溶解性能要好些，大分子在其中呈比较伸展的状态。以卷曲状态存在的大分子活性链，其链端易包在活性链的线团内，这样活性链链端被屏蔽起来，使链终止反应受到阻碍，因而其自动加速现象出现得就早些。由于本体聚合有上述特点，在反应配方及工艺选择上必然是引发剂浓度和反应温度较低，反应速度比其他聚合方法也低，反应条件有时随不同阶段而异，操作控制严格，这样才能得到合格的制品。

本实验是以甲基丙烯酯甲酯（MMA）进行本体聚合，生产有机玻璃平板。聚甲基丙烯酸甲酯（PMMA）由于有庞大的侧基存在，为无定形固体，具有高度透明性，比重小，有一定的耐冲击强度与良好的低温性能，是航空工业与光学仪器制造工业的重要原料。以 MMA 进行本体聚合时为了解决散热，避免自动加速作用而引起的爆聚现象，以及单体转化为聚合物时由于比重不同而引起的体积收缩问题，工业上采用高温预聚合，预聚至约 10% 转化率的黏稠浆液，然后浇模，分段升温聚合，在低温下进一步聚合，安全度过危险期，最后脱模制得有机玻璃平板.

如果直接做甲基丙烯酸甲酯（MMA）的本体聚合，则由于发热而产生气体只能得到有气泡的聚合物。如果选用其他聚合方法（如：悬浮聚合等），由于杂质的引入，产品的透明度都远不及本体聚合方法。为此，工业上或实验室目前多采用浇注聚合的方法，即将本体聚合迅速进行到某种程度（转化率 10% 左右）做成单体中溶有聚合物的黏稠溶液（预聚物）后，再将其注入模具中，在低温下缓慢聚合使转化率达到 93% ~ 95%，最后在 100 ℃ 下高温聚合至反应完全。

三、实验仪器及设备

搅拌电机；搅拌棒；温度计；球形冷凝器；三口瓶；水浴；热源；模具。

四、实验药品

MMA、偶氮二异丁腈（AIBN）。

五、实验步骤

1. 模具制备。

将两片平板玻璃（150 × 150 mm）洗净烘干，在玻璃片间垫好用玻璃纸包紧的胶管（4 × 1.5 mm），围成方形并留出灌料口，然后用铁夹夹紧，备灌模用。如图 3.1 所示。

2. 预聚合反应。

在 250 mL 的三口瓶中安装搅拌器、冷凝管、温度计（见图 3.2）。先加入 50 mgAIBN，再加入

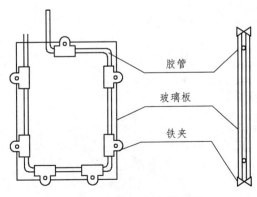

图 3.1 PMMA 制备模具图

MMA70 mL，开动搅拌使 AIBN 溶解在单体中。加热水浴，当温度达到 90 ℃ 时保温 5 min，然后使物料在 80～85 ℃ 维持 30 min 左右，观察黏度。当物料呈蜜糖状时，用冷水浴骤然降温至 40 ℃ 以下终止反应并停止搅拌，将三口瓶中预聚物灌入已备好的模具中，封好灌料口。

3. 低温聚合反应。

将上述模具放入烘箱中，升温至 52 ℃，保温 7 h（此时用铁针刺探有机玻璃，应有弹性出现）低温聚合结束，抽掉胶管。

4. 高温聚合反应。

抽出垫条的模具在烘箱中继续缓慢升温到 100 ℃，保温 1 h 后，烘箱停止加热，任其自然冷却到 40 ℃ 以下，取出模具脱掉玻璃片即得光滑无色透明的有机玻璃板。

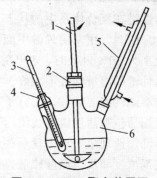

图 3.2　MMA 聚合装置图

1—搅拌器；2—密封套；
3—温度计；4—温度计套管；
5—冷凝管；6—三口瓶

六、实验注意事项

1. 聚合反应所用塞子应采用软水塞，并防止杂质混入反应体系，影响聚合反应。

2. 灌入时预聚物中如有气泡应设法排出。

3. 高温聚合反应结束后，应自然降温至 40 ℃ 以下，再取出膜具进行脱模，以避免骤然降温造成模板和聚合物的破裂。

七、思考题及实验结果讨论

1. 本体聚合与其他各种聚合方法比较，有什么特点？

2. 制备有机玻璃时，为什么需要首先制成具有一定黏度的预聚物？

3. 在本体聚合反应过程中，为什么必须严格控制不同阶段的反应温度？

4. 凝胶效应进行完毕后，提高反应温度的目的何在？

实验一 实验记录及报告

甲基丙烯酸甲酯的本体聚合（有机玻璃板的制备）

姓　名_____　班　级：_____　学　号：_____

同组实验者：_____　实验日期：_____

指导老师签字：_____　评　分：_____

（实验过程认真记录，实验结束后，送交指导老师签字）

一、实验数据记录

药品名称	用量

二、实验过程记录

三、对实验结果的讨论与问题

实验二 溶液聚合 —— 聚醋酸乙烯酯的合成

一、实验目的

掌握溶液聚合的特点，增强对溶液聚合的感性认识。同时通过实验了解聚醋酸乙烯酯的聚合特点。

二、实验原理

溶液聚合一般具有反应均匀、聚合热易散发、反应速度及温度易控制、相对分子质量分布均匀等优点。在聚合过程中存在向溶剂链转移的反应，使产物的相对分子质量降低。因此，在选择溶剂时必须注意溶剂的活性大小。各种溶剂的链转移常数变动很大，水为零，苯较小，卤代烃较大，一般根据聚合物相对分子质量的要求选择合适的溶剂。另外还要注意溶剂对聚合物的溶解性能，选用良溶剂时，反应为均相聚合，可以消除凝胶效应，遵循正常的自由基动力学规律。选用沉淀剂时，则成为沉淀聚合，凝胶效应显著。产生凝胶效应时，反应自动加速，相对分子质量增大，劣溶剂的影响介于其间，影响程度随溶剂的优劣程度和浓度而定。

本实验以甲醇为溶剂进行醋酸乙烯酯的溶液聚合。根据反应条件的不同，如温度、引发剂用量、溶剂等的不同可得到相对分子质量从 2 000 到几万的聚醋酸乙烯酯。聚合时，溶剂回流带走反应热，温度平稳。但由于溶剂引入，大分子自由基和溶剂易发生链转移反应使相对分子质量降低。

聚醋酸乙烯酯适于制造维尼纶纤维，相对分子质量的控制是关键。由于醋酸乙烯酯自由基活性较高，容易发生链转移，反应大部分在醋酸基的甲基处反应，形成链或交链产物。除此之外，还向单体、溶剂等发生链转移反应。所以在选择溶剂时，必须考虑对单体、聚合物、相对分子质量的影响，而选取适当的溶剂。

温度对聚合反应也是一个重要的因素。随温度的升高，反应速度加快，相对分子质量降低，同时引起链转移反应速度增加，所以必须选择适当的反应温度。

三、实验仪器及设备

夹套釜（500 mL）搅拌器；变压器超级恒温槽；导电表；量筒 10 mL；50 mL 各 1 只；冷凝管；温度计（0～100 ℃）；瓷盘；液封（聚四氟乙烯）；搅拌桨（不锈钢）。

四、实验药品

醋酸乙烯酯（VAC）（新鲜蒸馏 BP = 73 ℃ 60 mL）、甲醇（化学纯 BP = 54～65 ℃ 60 mL）、过氧化二碳酸二环己酯（DCPD）（重结晶 0.2 g）。

五、实验步骤

1. 在装有搅拌器的干燥而洁净的 500 mL 夹套釜上，装一球形冷凝管。
2. 将新鲜蒸馏的醋酸乙烯酯 60 mL，0.2 g DCPD 以及 10 mL 甲醇依次加入夹套釜中。

在搅拌下加热，使其回流，恒温槽温度控制在 64 ~ 65 ℃（注意不要超过 65 ℃），反应 2 h。观察反应情况，当体系很黏稠，聚合物完全黏在搅拌轴上时停止加热，加入 50 mL 甲醇，再搅拌 10 min，待黏稠物稀释后，停止搅拌。然后，将溶液慢慢倒入盛水的瓷盘中，聚醋酸乙烯酯呈薄膜析出。放置过夜，待膜面不黏手，将其用水反复冲洗，晾干后剪成碎片，留作醇解所用。

六、思考题

1. 溶液聚合的特点及影响因素？
2. 如何选择溶剂，实验中甲醇的作用？

实验二　实验记录及报告

溶液聚合 ——聚醋酸乙烯酯的合成

姓　　名＿＿＿＿＿＿＿＿　班　级：＿＿＿＿＿＿＿　　　学　　号：＿＿＿＿＿＿＿

同组实验者：＿＿＿＿＿＿＿＿＿＿＿＿＿＿＿＿＿　实验日期：＿＿＿＿＿＿＿

指导老师签字：＿＿＿＿＿＿＿＿　　　　　　　　　评　　分：＿＿＿＿＿＿＿

（实验过程认真记录，实验结束后，送交指导老师签字）

一、实验数据记录

药品名称	用量

二、实验过程记录

三、对实验结果的讨论与问题

实验三　醋酸乙烯乳液聚合（白乳胶的制备）

一、实验目的

1. 了解乳液聚合的特点、配方及各组分所起的作用。
2. 掌握聚醋酸乙烯酯胶乳的制备方法及用途。

二、实验原理

单体在水相介质中，由乳化剂分散成乳液状态进行的聚合，称为乳液聚合。其主要成分是单体、水、引发剂和乳化剂。引发剂常采用水溶性引发剂。乳化剂是乳液聚合的重要组分，它可以使互不相溶的油 – 水两相，转变为相当稳定难以分层的乳浊液。乳化剂分子一般由亲水的极性基团和疏水的非极性基团构成，根据极性基团的性质可以将乳化剂分为阳离子型、阴离子型、两性和非离子型四类。当乳化剂分子在水相中达到一定浓度，即到达临界胶束浓度（CMC）值后，体系开始出现胶束。胶束是乳液聚合的主要场所，发生聚合后的胶束称作乳胶粒。随着反应的进行，乳胶粒数不断增加，胶束消失，乳胶粒数恒定，由单体液滴提供单体在乳胶粒内进行反应。此时，由于乳胶粒内单体浓度恒定，聚合速率恒定，到单体液滴消失后，随乳胶粒内单体浓度的减少而速率下降。

乳液聚合的反应机理不同于一般的自由基聚合，其聚合速率及聚合度式可表示如下：

$$R_p = \frac{10^3 N K_p [M]}{2N_A}$$

$$\bar{X}_n = \frac{N k_p [M]}{R_p}$$

式中 N 为乳胶粒数，N_A 是阿佛锄德罗常数。由此可见，聚合速率与引发速率无关，而取决于乳胶粒数。乳胶粒数的多少与乳化剂浓度有关。增加乳化剂浓度，即增加乳胶粒数，可以同时提高聚合速度和相对分子质量。而在本体、溶液和悬浮聚合中，使聚合速率提高的一些因素，往往使相对分子质量降低，所以乳液聚合具有聚合速率快、相对分子质量高的优点。乳液聚合在工业生产中的应用也非常广泛。

醋酸乙烯酯（VAc）的乳液聚合机理与一般乳液聚合相同，采用水溶性的过硫酸盐为引发剂，为使反应平稳进行，单体和引发剂均需分批加入。聚合中常用的乳化剂是聚乙烯醇（PVA）。实验中还常采用两种乳化剂合并使用，其乳化效果和稳定性比单独使用一种好。本实验采用 PVA-1788 和 OP-10 两种乳化剂。

聚醋酸乙烯酯（PVAc）乳胶漆具有水基漆的优点：黏度小，相对分子质量较大，不用易燃的有机溶剂。作为黏合剂时（俗称白胶），木材、织物和纸张均可使用。

1. 链的引发：

2. 链的增长：

3. 链的终止：

三、实验仪器及设备

四口瓶（250 mL）；滴液漏斗（125 mL）；球形冷凝器（30 cm）；温度计（100 ℃）；搅拌棒；搅拌电动机；搅拌器（浆式）；水浴锅。

四、实验药品

醋酸乙烯（工业品 34 g）、聚乙烯醇（醇解度 88% 的 10% 水溶液 37.5 g）、过硫酸铵（化学纯 0.1 g）、蒸馏水（44 mL）、OP-10（0.3 g）。

五、实验步骤

1. 安装仪器如图 3.3 所示。

2. 在四口瓶中加入聚乙烯醇的 10% 水溶液 37.5 g（重量），乳化剂 OP-10 0.3 g，蒸馏水 44 g。

3. 开动搅拌，用水浴加热至 65 ℃，加入第一批引发剂（将 0.1 g 引发剂溶于 3 mL 蒸馏水中加入 1 mL），待完全溶解后用滴液漏斗滴加醋酸乙烯，调节滴加速度先慢后快温度慢慢升至 70 ℃，在（70 ± 1）℃ 反应；一小时后加入第二批引发剂 1 mL；再过一小时加入第三批引发剂 1 mL，在两小时内将 34 g 单体加完。

4. 在 70 ~ 72 ℃ 保温 10 min，缓慢升温到 75 ℃，保持 10 min，再缓慢升温至 78 ℃，保持 10 min，再缓慢升温至 80 ℃，保持 10 min。

图 3.3　苯乙烯聚合装置图

1—三口瓶；2—冷凝管密封套；
3—温度计；4—漏斗；5—搅拌器

5. 撤掉水浴，自然冷却到 40 ℃，停止搅拌，出料。

6. 测含固量：取 2 g 乳浊液（精确到 0.002 g）置于烘至恒重的玻璃表皿上，放于 100 ℃ 烘箱中烘至恒重计算含固量（约 4 h）。

$$含固量 = \frac{干燥后样品质量}{干燥前样品质量} \times 100\%$$

$$转化率 = \frac{含固量 \times 产品量 - 聚乙烯醇量}{单体质量} \times 100\%$$

注：配制 10% 聚乙烯醇水溶液的方法：

将 3.75 g 醇解度为 88% 的聚乙烯醇溶解在 34 mL 水中，最好先浸泡一段时间，然后在沸水中完全溶解。

六、实验注意事项

1. 按要求严格控制滴加速度，如果开始阶段滴加过快，乳液中会出现块状物，使实验失败。

2. 严格控制搅拌速度，否则将使料液乳化不完全。

3. 滴加单体时，温度控制在（70 ± 1）℃，温度过高使单体损失。

七、思考题

1. 比较乳液聚合、溶液聚合、悬浮聚合和本体聚合的特点及其优缺点。

2. 在乳液聚合过程中，乳化剂的作用是什么？

3. 本实验操作应注意哪些问题？

实验三　实验记录及报告

醋酸乙烯乳液聚合（白乳胶的制备）

姓　　名＿＿＿＿＿＿　　　班　级：＿＿＿＿＿＿　　　学　　号：＿＿＿＿＿＿

同组实验者：＿＿＿＿＿＿＿＿＿＿＿＿＿　　　实验日期：＿＿＿＿＿＿

指导老师签字：＿＿＿＿＿＿＿＿　　　评　　分：＿＿＿＿＿＿

（实验过程认真记录，实验结束后，送交指导老师签字）

一、实验数据记录

药品名称	用量

二、实验过程记录

三、对实验结果的讨论与问题

实验四 聚乙烯醇缩甲醛的制备（胶水）

一、实验目的

本实验将通过 PVA 的缩醛化制备胶水，了解乙烯醇缩醛化的反应原理，并了解高聚物的官能团侧基反应的知识。

二、实验原理

早在 1931 年，人们就已经研制出聚乙烯醇（PVA）的纤维，但由于 PVA 的水溶性而无法实际应用。利用"缩醛化"减少其水溶性，使得 PVA 有了较大的实际应用价值。用甲醛进行缩醛化反应得到聚乙烯醇缩甲醛（PVF）。PVF 随缩醛化程度不同，性质和用途有所不同。控制缩醛在 35% 左右，就得到了人们称为"维纶"的纤维（vinylon）。维纶的强度是棉花的 1.5 ~ 2.0 倍，吸湿性 5%，接近天然纤维，又称为"合成棉花"。

在 PVF 分子中，如果控制其缩醛度在较低水平，由于 PVF 分子中含有羟基、乙酸基和醛基，因此有较强的黏接性能，可作胶水使用，用来黏结金属、木材、皮革、玻璃、陶瓷、橡胶等。

聚乙烯醇缩甲醛是利用聚乙烯醇与甲醛在盐酸催化的作用下而制得的，其反应式如下

$$\sim CH_2CHCH_2CH \sim \ + HCHO \xrightarrow{HCl} \sim CH_2CHCH_2-CH \sim \ + H_2O$$
$$\underset{OH}{|} \quad \underset{OH}{|} \qquad\qquad\qquad \underset{O-CH_2-O}{|\qquad\qquad|}$$

高分子链上的羟基未必能全部进行缩醛化反应，会有一部分羟基残留下来，本实验是合成水溶性聚乙烯醇缩甲醛胶水，反应过程中需控制较低的缩醛度，使产物保持水溶性。如若反应过于猛烈，则会造成局部高缩醛度，导致不溶性物质存在于胶水中，影响胶水质量。因此在反应过程中，要特别注意严格控制催化剂用量、反应温度、反应时间及反应物比例等因素。

三、实验仪器及试剂

仪器：三口瓶；搅拌器；温度计；球形冷凝管；量筒；培养皿。

试剂：PVA、甲醛水溶液（40%工业甲醛）、盐酸、NaOH。

四、实验步骤

在 250 mL 三口瓶中，加入 160 mL 去离子水、17gPVA、在搅拌下升温至 80 ~ 90 ℃ 使其溶解（注意：先加入水，而后加入 PVA，采用慢加快搅的方法使 PVA 溶解，避免快加时容易出现 PVA 成团难以溶解的现象）。等 PVA 全部溶解后（呈透明状溶液），于 90 ℃ 左右加入 3 mL 甲醛搅拌 15 min，滴加 1 : 4 盐酸（体积比）溶液，控制反应体系 pH 值为 1 ~ 3，保持反应温度 90 ℃ 左右。继续搅拌，反应体系逐渐变稠。当体系中出现气泡或有絮状物（交联）产生时，立即迅速加入 1.5 mL 8% 的 NaOH 溶液，调节 pH 值为 8 ~ 9，冷却出料，所获得无色

透明黏稠液体，即得市售胶水。

五、实验结果与讨论

由于缩醛化反应的程度较低，胶水中尚含有未反应的甲醛，产物往往有甲醛的刺激性气味。缩醛基团在碱性环境下较稳定，故要调整胶水的 pH 值。

六、性能测试

测试制品的黏度、pH 值、黏结力：用旋转黏度计或涂 4 黏度计测定黏度，并与标准样品比较。

七、思考题

1. 产物为什么要把最终 pH 值调至 8～9？试讨论缩醛化 PVA 对酸和碱的稳定性。
2. 为什么缩醛度增加，水溶性会下降？

实验四 实验记录及报告

聚乙烯醇缩甲醛的制备（胶水）

姓　　名＿＿＿＿＿＿＿　　班　级：＿＿＿＿＿＿　　学　　号：＿＿＿＿＿＿

同组实验者：＿＿＿＿＿＿＿＿＿＿＿＿＿＿　　实验日期：＿＿＿＿＿＿

指导老师签字：＿＿＿＿＿＿＿＿＿＿　　评　　分：＿＿＿＿＿＿

（实验过程认真记录，实验结束后，送交指导老师签字）

一、实验数据记录

药品名称	用量

二、实验过程记录

三、对实验结果的讨论与问题

实验五　苯乙烯珠状聚合

一、实验目的

1. 了解悬浮聚合的反应原理及配方中各组分的作用。
2. 了解珠状聚合实验操作及聚合工艺的特点。
3. 通过实验，了解苯乙烯单体在聚合反应上的特性。

二、实验原理

悬浮聚合是指在较强的机械搅拌下，借悬浮剂的作用，将溶有引发剂的单体分散在另一与单体不溶的介质中（一般为水）所进行的聚合。根据聚合物在单体中溶解与否，可得透明状聚合物或不透明不规整的颗粒状聚合物。像苯乙烯、甲基丙烯酸酯，其悬浮聚合物多是透明珠状物，故又称珠状聚合；而聚氯乙烯因不溶于其单体中，故为不透明、不规整的乳白色小颗粒（称为颗粒状聚合）。

悬浮聚合实质上是单体小液滴内的本体聚合，在每一个单体小液滴内单体的聚合过程与本体聚合是相类似的，但由于单体在体系中被分散成细小的液滴，因此，悬浮聚合又具有它自己的特点。由于单体以小液滴形式分散在水中，散热表面积大，水的比热大，因而解决了散热问题，保证了反应温度的均一性，有利于反应的控制。悬浮聚合的另一优点是由于采用悬浮稳定剂，所以最后得到易分离、易清洗、纯度高的颗粒状聚合产物，便于直接成型加工。

可作为悬浮剂的有两类物质：一类是可以溶于水的高分子化合物，如聚乙烯醇、明胶、聚甲基丙烯酸钠等。另一类是不溶于水的无机盐粉末，如硅藻土、钙镁的碳酸盐、硫酸盐和磷酸盐等。悬浮剂的性能和用量对聚合物颗粒大小和分布有很大影响。一般来讲，悬浮剂用量越大，所得聚合物颗粒越细，但如果悬浮剂为水溶性高分子化合物，悬浮剂相对分子质量越小，所得的树脂颗粒就越大，因此悬浮剂相对分子质量的不均一会造成树脂颗粒分布变宽。如果是固体悬浮剂，用量一定时，悬浮剂粒度越细，所得树脂的粒度也越小，因此，悬浮剂粒度的不均匀也会导致树脂颗粒大小的不均匀。

为了得到颗粒度合格的珠状聚合物，除加入悬浮剂外，严格控制搅拌速度是一个相当关键的问题。随着聚合转化率的增加，小液滴变得很黏，如果搅拌速度太慢，则珠状不规则，且颗粒易发生黏结现象。但搅拌太快时，又易使颗粒太细，因此，悬浮聚合产品的粒度分布控制是悬浮聚合中的一个很重要的问题。掌握悬浮聚合的一般原理后，本实验仅对苯乙烯单体及其在珠状聚合中的一些特点作一简述。

苯乙烯是一个比较活泼的单体，易起氧化和聚合反应，在储存过程中，如不添加阻聚剂即会引起自聚。但是，苯乙烯的游离基并不活泼，因此，在苯乙烯聚合过程中副反应较少，不容易有链支化及其他歧化反应发生。实验证明，链终止方式是双基结合。另外，苯乙烯在聚合过程中凝胶效应并不特别显著，在本体及悬浮聚合中，仅在转化率为 50% ~ 70% 时，有一些自动加速现象。因此，苯乙烯的聚合速度比较缓慢，例如与甲基丙烯酸甲酯相比较，在用同量的引发剂时，其所需的聚合时间比甲基丙烯酸甲酯多好几倍。

苯乙烯（St）通过聚合反应生成如下聚合物。反应式如下：

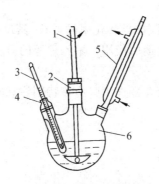

本实验要求聚合物体具有一定的粒度，粒度的大小通过调节悬浮聚合的条件来实现。

三、实验仪器及试剂

仪器：250 mL 三口瓶；电动搅拌器；恒温水浴；冷凝管；温度计；吸管；抽滤装置。

试剂：苯乙烯、聚乙烯醇、过氧化二苯甲酰、甲醇。

四、实验步骤

苯乙烯聚合装置如图 3.4 所示。

图 3.4 苯乙烯聚合装置图

1—搅拌器；2—密封套；3—温度计；4—温度计套管；5—冷凝管；6—三口瓶

1. 在 250 mL 三颈瓶上，装上搅拌器和水冷凝管。量取 45 mL 去离子水，称取 0.2 g 聚乙烯醇（PVA）加入到三颈瓶中，开动搅拌器并加热水浴至 90 ℃ 左右，待聚乙烯醇完全溶解后（20 min 左右），将水温降至 80 ℃ 左右。

2. 称取 0.15 g 过氧化二苯甲酰（BPO）于一干燥洁净的 50 mL 烧杯中，并加入 9 mL 单体苯乙烯（已精制）使之完全溶解。

3. 将溶有引发剂的单体倒入三颈瓶中，此时需小心调节搅拌速度，使液滴分散成合适的颗粒度（注意开始时搅拌速度不要太快，否则颗粒分散得太细），继续升高温度，控制水浴温度在 86～89 ℃ 范围内，使之聚合。一般在达到反应温度后 2～3 h 为反应危险期，此时搅拌速度控制不好（速度太快、太慢或中途停止等），就容易使珠子黏结变形。

4. 在反应 3 h 后，可以用大吸管吸出一些反应物，检查珠子是否变硬，如果已经变硬，即可将水浴温度升高至 90～95 ℃，反应 1 h 后即可停止反应。

5. 将反应物进行过滤，并把所得到的透明小珠子放在 25 mL 甲醇中浸泡 20 min，然后再过滤（甲醇回收），将得到的产物用约 50 ℃ 的热水洗涤几次，用滤纸吸干后，置产物于 50～60 ℃ 烘箱内干燥，计算产率，观看颗粒度的分布情况。

五、注　释

1. 在工业上要得到一定相对分子质量的珠状聚合物，一般引发剂用量应为单体质量的 0.2% ~ 0.5%。如北京向阳化工厂聚苯乙烯生产中引发剂用量为单体质量的 0.3%，但反应时间却需要 13 h。本实验为了缩短反应时间，因此，选用了较大的引发剂用量（为单体质量的 2%）。

2. 工业上为提高设备利用率，采用的水油比比较小，一般为 1∶1 ~ 4∶1。如北京向阳化工厂所选用的水油比为 2∶1。而在本实验中所采用的水油比为 5∶1，因为高水油比有利于操作（水油比即水用量与单体用量之比）。

3. 聚乙烯醇的用量根据所要求的珠子的颗粒度大小以及所用的聚乙烯醇本身的性质（相对分子质量、醇解度）而定。根据各方面的资料来看，用量差别较大，其用量相对于单体来说，最多的为 3%，最少的为 0.1% ~ 0.5%。如北京向阳化工厂聚乙烯醇的用量为单体的 0.027%。根据我们的实验条件，聚乙烯醇用量为单体 2.5%。

六、思考题

1. 试考虑苯乙烯珠状聚合过程中，随转化率的增长，其反应速度和相对分子的变化规律。

2. 为什么聚乙烯醇能够起稳定剂的作用？聚乙烯醇的质量和用量在悬浮聚合中，对颗粒度影响如何？

3. 根据实验，你认为在珠状聚合操作中，应该特别注意的是什么？为什么？

实验五　实验记录及报告

苯乙烯珠状聚合

姓　　名＿＿＿＿＿＿＿　　班　级：＿＿＿＿＿＿　　学　　号：＿＿＿＿＿＿
同组实验者：＿＿＿＿＿＿＿＿＿＿＿＿＿＿＿　　实验日期：＿＿＿＿＿＿
指导老师签字：＿＿＿＿＿＿＿＿＿　　　　　　　评　　分：＿＿＿＿＿＿
（实验过程认真记录，实验结束后，送交指导老师签字）

一、实验数据记录

药品名称	用量

二、实验过程记录

三、对实验结果的讨论与问题

实验六　甲基丙烯酸甲酯、苯乙烯悬浮共聚合

一、实验目的

1. 甲基丙烯酸甲酯和苯乙烯通过悬浮共聚得到聚甲基丙烯酸甲酯苯乙烯无规共聚物，该共聚物俗称为 372 有机玻璃模塑粉，通过 372 有机玻璃模塑粉的制备，了解悬浮共聚合的反应机理及配方中各组分的作用。

2. 了解无机悬浮剂的制备及其作用。

3. 了解悬浮共聚合实验操作及聚合工艺上的特点。

二、实验原理

甲基丙烯酸甲酯和苯乙烯均不溶于水，单体靠机械搅拌形成的分散体系是不稳定的分散体系，为了使单体液滴在水中保持稳定，避免黏结，需在反应体系中加入悬浮剂。通过实验证明采用磷酸钙乳浊液做悬浮剂效果较好，磷酸三钠与过量的氯化钙在碱性条件下发生化学反应生成磷酸钙。磷酸钙难溶于水，聚集成极微小的颗粒，可在水中悬浮相当长的时间而不沉降。这种悬浮液呈牛奶状，在搅拌情况下能使某些体系的单体小液滴分散在体系中而不聚集，这是由于单体（油相）和介质（水相）对磷酸钙的润湿程度不同，所以磷酸钙起到悬浮剂的作用。悬浮剂浓度增加可提高稳定性，实践证明磷酸钙加入量为单体总质量的 0.7% 左右为宜。

有机玻璃模塑粉是以甲基丙烯酸甲酯为主单体与少量苯乙烯共聚合的无规共聚物，其相对分子质量要达到 13 万 ~ 15 万才能加工成具有一定物理机械性能的产品，其结构可表示为：

$$\sim\sim\sim CH_2 - \underset{COOCH_3}{\overset{\overset{CH_3}{|}}{C}} + CH_2 - C + _n CH_2 - CH \sim\sim\sim$$

即在以甲基丙烯酸甲酯结构单元为主链的分子链中掺杂有一个或少数几个苯乙烯结构单元。在共聚反应中，因参加反应的单体是两种（或两种以上），由于单体的相对活性不同，它们参与反应的机会也就不同，共聚物组成 $d[M_1]/d[M_2]$ 与原料组成 $[M_1]/[M_2]$ 之间的关系为

$$\frac{d[M_1]}{d[M_2]} = \frac{[M_1]}{[M_2]} \cdot \frac{r_1[M_1]+[M_2]}{[M_1]+r_2[M_2]}$$

式中，$d[M_1]/d[M_2]$ 为共聚物组成中两种结构单元的摩尔比；$[M_1]/[M_2]$ 为原料组成中两种单体的摩尔比；r_1，r_2 为均聚和共聚链增长速率常数之比，表征两单体的相对活性，称作竞聚率。

三、实验仪器及试剂

仪器：500 mL 三口瓶；250 mL 四口瓶；电动搅拌器；恒温水浴；冷凝管；温度计；吸管；抽滤装置；400 mL 烧杯；滴管；试管。

试剂：苯乙烯、甲基丙烯酸甲酯、过氧化二苯甲酰、硬脂酸、去离子水、氯化钙、磷酸三钠、氢氧化钠。

四、实验步骤

1. 悬浮剂的制备。

1）CaCl$_2$ 溶液的配制。

按配方称取 6 g 氯化钙，放入 500 mL 三颈瓶中，加入去离子水 165 mL，搅拌，使之溶解，呈无色透明水溶液，备用。

2）Na$_3$PO$_4$ 和 NaOH 溶液的配制。

按配方称取 6 g 磷酸三钠，0.8 g 氢氧化钠放入 400 mL 烧杯中，加入去离子水 165 mL，搅拌，使之溶解，得无色透明之溶液，备用。

3）将三颈瓶中氯化钙溶液在水浴上加热溶解至水浴沸腾，另将盛有磷酸三钠、氢氧化钠水溶液的烧杯放于热水浴中，在搅拌下用滴管将此溶液连续滴加至三颈瓶中，在 20～30 min 内加完。然后在沸腾的水浴中保温半小时，停止反应，反应后的悬浮剂呈乳白色混浊液，用滴管取 20 滴（或 1 mL）悬浮剂放入干净之试管中，加入 10 mL 去离子水，摇匀，放置半小时。如无沉淀，即为合格，备用，制得之悬浮剂要在 8 h 内使用；如有沉淀，即不能再用，需另行制备。

2. 甲基丙烯酸甲酯与苯乙烯共聚合反应。

1）在 250 mL 的四口瓶上，装上密封搅拌器、真空系统，加入 50 mL 去离子水，22 mL 悬浮剂后抽真空至 86 659.3 Pa（650 mmHg）。

2）分别称取 4 g 甲基丙烯酸甲酯和 6 g 苯乙烯，混合均匀，加入 0.7 g 硬脂酸和 0.35 g 引发剂使其溶解，然后加入四口瓶中（加料时尽量避免空气进入）。

3）升温，控制加热速度，使体系的温度快速升至 75 ℃，然后以 1 ℃/min 的升温速度升至 80 ℃，并保温 1 h，再以 5 ℃/min 的升温速度升至 90 ℃，待真空度升至最高点而下降时，表示反应即将结束。为了使单体完全转化为聚合物，应继续升温至 110～115 ℃，并在 110～115 ℃下保温 1 h，聚合反应完毕。

3. 聚合物后处理。

反应后所得物料为有机玻璃模塑粉悬浮液，其需经酸洗、水洗、过滤、干燥等处理过程：

1）酸洗。

反应所得物料为碱性，且含有悬浮剂磷酸钙，需除去。方法是加入 2 mL 化学纯盐酸。

2）水洗、过滤。

水洗的目的是除去产物中的 Cl$^-$ 离子。方法是先用自来水洗 4～5 次，再用去离子水洗两次（每次用量 50 mL 左右），用 AgNO$_3$ 溶液检验有无 Cl$^-$ 存在（如无白色沉淀即可），采用抽滤过滤使粉料与水分开。

3）干燥。

将白色粉状聚合物放入搪瓷盘中，置于 100 ℃的烘箱中烘干。

五、思考题

1. 以有机玻璃模塑粉为例，讨论自由基共聚合的反应历程。

2. 以聚乙烯醇和磷酸钙为例，讨论高分子悬浮剂与无机悬浮剂的悬浮作用机理。

3. 聚合反应过程中，为什么要严格控制反应温度？否则会产生什么后果？

实验六　实验记录及报告

甲基丙烯酸甲酯、苯乙烯悬浮共聚合

姓　　名＿＿＿＿＿＿＿　　班　级：＿＿＿＿＿＿＿　　　　学　　　号：＿＿＿＿＿＿＿

同组实验者：＿＿＿＿＿＿＿＿＿＿＿＿＿＿＿　　　　实验日期：＿＿＿＿＿＿＿

指导老师签字：＿＿＿＿＿＿＿＿＿＿　　　　　　　评　　分：＿＿＿＿＿＿＿

（实验过程认真记录，实验结束后，送交指导老师签字）

一、实验数据记录

药品名称	用　量

二、实验过程记录

三、对实验结果的讨论与问题

3.2　逐步聚合实验

实验七　环氧树脂的制备

一、实验目的

掌握低相对分子质量环氧树脂的制备条件及环氧值测定方法及计算。

二、实验原理

2-3、2-4 以上多官能团体系单体进行缩聚时，先形成可溶可熔的线型或支链低分子树脂，反应如继续进行，可形成体型结构，成为不溶不熔的热固性树脂。体型聚合物由交联将许多低分子以化学键连成一个整体，所以具有耐热性和尺寸稳定性能的优点。

体型缩聚也遵循缩聚反应的一般规律，具有"逐步"的特性。

以 2-3，2-4 官能度体系的缩聚反应如酚醛、醇酸树脂等在树脂合成阶段，反应程度应严格控制在凝胶点以下。

以 2-2 官能度为原料的缩聚反应先形成低分子线型树脂（即结构预聚物），相对分子质量约数百到数千，在成型或应用时，再加入固化剂或催化剂交联成体型结构。属于这类的有环氧树脂、聚氨酯泡沫塑料等。

环氧树脂是环氧氯丙烷和二羟基二苯基丙烷（双酚 A）在氢氧化钠（NaOH）的催化作用下不断地进行开环、闭环得到的线型树脂。如下式所示：

式中，n 一般在 0～12，相对分子质量相当于 340～3 800，$n=0$ 时为淡黄色黏滞液体，$n \geqslant 2$ 时则为固体。n 值的大小由原料配比（环氧氯丙烷和双酚 A 的摩尔比）、温度条件、氢氧化钠的浓度和加料次序来控制。

环氧树脂黏结力强，耐腐蚀、耐溶剂、抗冲性能和电性能良好，广泛用于黏结剂、涂料、复合材料等。环氧树脂分子中的环氧端基和羟基都可以成为进一步交联的基团，胺类和酸酐是使其交联的固化剂。乙二胺、二亚乙基三胺等伯胺类含有活泼氢原子，可使环氧基直接开环，属于室温固化剂。酐类（如邻苯二甲酸酐和马来酸酐）作固化剂时，因其活性较低，须在较高的温度（150~160℃）下固化。

本实验制备环氧值为 0.45 左右的低相对分子质量环氧树脂。

三、实验仪器

电炉 1 000 W；变压器 1KV1；烧杯 1 000 mL；水浴；三口反应瓶 250 mL；搅拌器；滴液漏斗 60 mL 1 只；Y 形管、弯管各 1 根；球形冷凝管；直形冷凝管；温度计 0~100℃；0~200℃各 1 根；分液漏斗 250 mL；量筒 25 mL、50 mL 各 1 只；真空泵；吸滤瓶。

四、实验药品

双酚 A 化学纯 11.4 g、环氧氯丙烷化学纯、比重 1.181 4 mL、NaOH 30wt% 溶液 20 mL、甲苯化学纯 30 mL、蒸馏水化学纯 15 mL。

五、实验步骤

1. 称量 11.4 g 双酚 A 于三口瓶内（见图 1），再量取环氧氯丙烷 14 mL，倒入瓶内，装上搅拌器、滴液漏斗、回流冷凝管及温度计，开动搅拌。升温到 55~65℃，待双酚 A 全部溶解成均匀溶液后，将 20ml30wt% NaOH 溶液置于 50 mL 滴液漏斗中，自滴液漏斗慢慢滴加氢氧化钠溶液至三颈瓶中（开始滴加要慢些，环氧氯丙烷开环是放热反应，反应液温度会自动升高）。保持温度在 60~65℃，约 1.5 h 内滴加完毕。然后保温 30 min。倾入 30 mL 蒸馏水，搅拌成溶液，趁热倒入分液漏斗中，静止分层，除去水层。

2. 将树脂溶液倒回三颈瓶中，装置如图 2 所示，进行减压蒸馏以除去萃取液甲苯及未反应的环氧氯丙烷。加热，开动真空泵（注意馏出速度），直至无馏出物为止，控制最终温度不超过 110℃，得到淡黄色透明树脂。

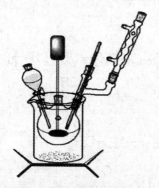

图 1 环氧树脂合成装置示意图

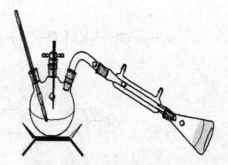

图 2 环氧树脂减压蒸馏装置示意图

六、环氧值的测定方法

环氧值是指每 100 g 树脂中含环氧基的当量数，它是环氧树脂质量的重要指标之一，也是计算固化剂用量的依据。相对分子质量愈高，环氧值就相应降低，一般低相对分子质量环氧树脂的环氧值在 0.48~0.57。

相对分子质量小于 1500 的环氧树脂，其环氧值测定用盐酸——丙酮法，反应式为：

$$-CH-CH_2 + HCl \xrightarrow{\text{丙酮}} \begin{array}{c} CH-CH_2-Cl \\ | \\ OH \end{array}$$

称 0.5 g 树脂，称量准确到千分之一于三角瓶中，用移液管加入 20 mL 丙酮盐酸溶液，微微加热，使树脂充分溶解后，在水浴上回流 20 min，冷却后用 0.1N 氢氧化钠溶液滴定，以酚酞作指示剂，并作一空白试验。

环氧值 E（当量/100 g 树脂）按下式计算：

$$E = \frac{(V_0 - V_2)N}{1\,000W} \times 100 = \frac{(V_0 - V_2)N}{10W}$$

式中，V_0 为空白滴定所消耗 NaOH 的溶液毫升数；V_2 为样品测试所消耗 NaOH 的溶液毫升数；N 为 NaOH 溶液的当量浓度；W 为树脂重量（g）。

七、思考题

1. 环氧树脂的反应机理及影响合成的主要因素？

2. 什么叫环氧当量及环氧值？

3. 将 50 g 自己合成的环氧树脂用乙二胺固化剂，如果乙二胺过量 10%，则需要等当量的乙二胺多少克？

实验七 实验记录及报告

环氧树脂的制备

姓　名＿＿＿＿＿＿　班　级：＿＿＿＿＿＿＿　学　　号：＿＿＿＿＿＿

同组实验者：＿＿＿＿＿＿＿＿＿＿＿＿＿　实验日期：＿＿＿＿＿＿

指导老师签字：＿＿＿＿＿＿＿＿　评　　分：＿＿＿＿＿＿

（实验过程认真记录，实验结束后，送交指导老师签字）

一、实验数据记录

药品名称	用量

二、实验过程记录

三、对实验结果的讨论与问题

实验八　丙烯酸酯树脂合成

一、实验目的

1. 了解自由基型加聚反应的原理。
2. 掌握丙烯酸酯溶液共聚合的合成原理及方法。

二、实验原理

聚丙烯酸酯溶液为无色或浅黄色透明黏稠液体。具有优良的黏接能力,可在较广的温度范围内使用。具有良好的成膜性,且耐老化性、腐蚀性良好,应用于汽车面漆。

丙烯酸酯单体的聚合反应是自由基型加聚反应属连锁聚合反应,整个过程包括链引发、链增长和链终止三个基元反应。链引发就是不断产生单体自由基的过程。常用的引发剂如过氧化合物和偶氮化合物,它们在一定温度下能分解生成初级自由基,它与单体加成产生单体自由基。生成的极为活泼的单体自由基不断迅速地与单体分子加成,生成大分子自由基。两个大分子自由基相遇,活泼的单电子相结合而使链终止。

加入适量的甲酯使漆膜有适中的硬度、强度,加入较多量的丁酯使漆膜有适中的柔韧性、抗冲击性能,加入少量甲基丙烯酸后,可使漆膜有更好的附着力,但过多容易发生交联。

三、主要仪器和药品

仪器:三口烧瓶(250 mL);球形冷凝管;滴液漏斗;温度计;量筒;玻璃棒;烧杯(200 mL)。
药品:甲基丙烯酸甲酯、甲基丙烯酸丁酯、甲基丙烯酸、过氧化二苯甲酰、甲苯。

四、塑性丙烯酸酯的合成

（一）配方　　　　　　　　　　　　　　质量之比
甲基丙烯酸甲酯　　　　　　　　　　　　30.0
甲基丙烯酸丁酯　　　　　　　　　　　　68.0
甲基丙烯酸　　　　　　　　　　　　　　2.0
过氧化二苯甲酰　　　　　　　　　　　　0.5
甲苯　　　　　　　　　　　　　　　　　100

（二）操作步骤

1. 蒸馏除去单体中的阻聚剂,然后将单体按配方混合。(暂时不做)
2. 将 100 份甲苯加入反应瓶中,加热至 100～110 ℃。
3. 将过氧化苯甲酰溶于单体混合物中,滤清。
4. 将单体混合物(已加引发剂)慢慢滴入热溶剂中进行聚合反应(滴加过程需要 2.5～3 h),注意开始要慢一些。聚合反应开始后温度允许由于反应放热而稍有升高,但应注意控制滴加速度勿使升得太快,滴加完毕,温度一般在 110～120 ℃。
5. 在回流温度下保持 4 h,控制不挥发 47.5% 以上,出料。

五、实验注意事项

1. 开始滴加时应放慢速度，否则滴加了大部分单体后尚未开始聚合，待开始聚合时，因单体浓度过高，会突然剧烈反应放出大量热，出现危险。

2. 滴加速度也影响相对分子质量的大小和分子结构的均匀度，滴得慢时相对分子质量较小但分子结构可能均匀，滴得快时相对分子质量较大，分子结构均匀性较差。

3. 配料及引发剂比例必须准确，对相对分子质量影响很大。

4. 引发剂用量及反应温度对反应时间有直接影响，引发剂用量高，温度高，只需较短时间就可得到较高转化率；引发剂用量少，反应温度低，必须延长保温时间以满足转化率要求，一般要求转化率不低于95%。反应过程中通过测定黏度确定反应进行情况。

5. 清洗滴液漏斗，以免树脂聚合使仪器难以打开。

六、性能测试

测试黏度、固体物含量。

实验八　实验记录及报告

丙烯酸酯树脂合成

姓　　名＿＿＿＿＿＿＿　　班　级：＿＿＿＿＿＿＿　　学　　号：＿＿＿＿＿＿＿

同组实验者：＿＿＿＿＿＿＿＿＿＿＿＿＿　　实验日期：＿＿＿＿＿＿＿

指导老师签字：＿＿＿＿＿＿＿＿＿＿　　评　　分：＿＿＿＿＿＿＿

（实验过程认真记录，实验结束后，送交指导老师签字）

一、实验数据记录

药品名称	用量

二、实验过程记录

三、对实验结果的讨论与问题

附　录

附录 1　单体的精制

1. 甲基丙烯酸甲酯（MMA）的精制。

MMA 是无色透明的液体，BP = 100.3 ~ 100.6 ℃，MMA 常含有阻聚剂对苯二酚，在实验前，需进行蒸馏，收集 100 ℃ 的馏分。

2. 苯乙烯（St）的精制。

St 为无色或浅黄色透明液体，BP = 145.2 ℃，d_{20} = 0.906 0，n_{20} = 1.546 9。取 150 mL St 分液漏斗中，用 5%NaOH 溶液反复洗到无色（每次用量 30 mL），再用去离子水洗涤到水层呈中性为止，用无水硫酸钠干燥。干燥后的 St 加到 250 mL 蒸馏瓶中进行减压蒸馏，收集 44 ~ 45 ℃/20 mmHg 或 58 ~ 59 ℃/10 mmHg 馏分。

3. 乙酸乙烯酯（VAC）的精制。

VAC 是无色透明液体，BP = 72.5 ℃。由于 VAC 中含有杂质较多，对聚合反应有影响，所以在聚合前要进行蒸馏，以除杂质。在蒸馏时为防止爆聚及自聚，在蒸馏瓶中加入少量对二苯酚及沸石，加热馏分，收集 72 ~ 73 ℃ 的馏分。

附录 2　引发剂的精制

1. 过氧化二苯甲酰（BPO）的精制。

BPO 采用重结晶法，一般以氯仿为溶剂，甲醇作沉淀剂，进行精制。BPO 只能在室温下溶解于氯仿中，不能加热，以免爆炸。纯化过程：在 100 mL 烧杯中加入 5 g BPO 和 20 mL 氯仿，不断搅拌使之溶解、过滤，其滤液直接滴入 50 mL 甲醇中，然后将白色针状结晶过滤，用冰冷的甲醇洗净抽干，反复重结晶二次。将沉淀在真空干燥器中干燥。纯 BPO 放于棕色瓶中，保存于干燥器中。

BPO 的溶解度：

溶剂	石油醚	甲醇	乙醇	甲苯	丙酮	苯	氯仿
溶解度（g/100 mL）	0.5	10	1.5	11.0	14.6	16.4	31.6

2. 偶氮二异丁腈（AIBN）的精制。

AIBN 是一种应用较广泛的引发剂。作为它的提纯剂主要是低级醇，如甲醇、乙醇。其方法是：在装有回流冷凝管的 150 mL 三角瓶中加入 50 mL 95% 醇，于水浴上加热到接近沸腾，迅速加入 5gAIBN，振荡使其全部溶解（煮沸时间不宜过长，若过长，则分解严重），热溶液迅速抽滤（过滤所用漏斗和吸滤瓶必须预热），滤液冷却后得白色结晶，于真空干燥器中干燥，熔点为 102 ℃，产品于棕色瓶中，低温保存。

3. 过氧化二碳酸二环己酯（DCPD）的精制。

将 DCPD 在甲醇中浸泡过夜，经过滤，用新鲜甲醇洗涤几次，晾干，即得白色晶状物，于低温保存。

4. 过硫酸铵的精制。

在过硫酸盐中主要杂质为硫酸氯钾（或胺），可用少量水反复重结晶。将过硫酸盐在 40 ℃溶解过滤，滤液用冰冷却，过滤出结晶，并以冰冷水洗涤。用 $BaCl_2$ 溶液检验无为止，将白色柱状或板状结晶置于真空干燥器中干燥。

附录3　聚合物精制

溶解沉淀法：这是一种精制高聚物的最古老的，也是应用最广泛的方法，将高聚物溶解于溶剂中，然后加入对聚合物不溶而和溶剂能混溶的沉淀剂，以使聚合物再沉淀出来。作为沉淀剂的原则，是希望它能够溶解全部的杂质。

聚合物溶液的浓度、混合速度、混合方法、沉淀时的温度等对于所分离出的聚合物的外观影响很大，如果聚合物溶液浓度过高，则溶剂和沉淀剂的混合性较差，沉淀物成为橡胶状。而浓度过低时，聚合物又成为微细粉状，分离困难。为此，需选择适当的聚合物浓度。同时，沉淀过程中还应注意搅拌方式和速度。在沉淀中，沉淀剂一般用量为溶液的 5 ~ 10 倍。聚合物中残留的溶剂和沉淀剂可以用真空干燥法除去。但需要时间较长。

下面简单介绍几种高聚物的精制法：

1. 聚苯乙烯（PS）的精制。

PS 的溶剂很多，如苯、甲苯、丁酮、氯仿等。而沉淀剂常用甲醇或乙醇。将 PS 3 g，溶于 200 mL 甲苯中，离心分离除去不溶性杂质。在玻璃棒搅拌下，慢慢将聚合物溶液滴加至 1 L 甲醇中，聚苯乙烯为粉末状沉淀。放置过夜，倾出上层清液，用熔结玻璃砂漏斗过滤，吸干甲醇，于室温 1 ~ 3 mmHg 真空下干燥 24 h。

2. 聚甲基丙烯酸甲酯（PMMA）的精制。

PMMA 采用的溶剂-沉淀剂组合为：苯-甲醇、氯仿-石油醚、甲苯-二硫化碳、丙酮-甲醇、氯仿-乙醚。甲基丙烯酸甲酯溶液或本体聚合的产物，常常直接注入甲醇中，使聚合物沉淀出来，或者先把聚合物配成 2% 的苯溶液，再加到大大过量的甲醇中，使其再沉淀，将沉淀物在 10 ℃ 下真空干燥，再溶解沉淀，反复操作二次，以除去全部杂质。

3. 聚乙酸乙烯（PVAc）的精制。

PVAc 的软化点低，黏性大，又对引发剂（或者分解后生成物 ）及溶剂的溶解度很大，所以杂质很难除去。在提纯醋酸乙烯时，常用丙酮或甲醇的聚合物溶液，加到大量水中沉淀，苯的聚合物溶液加到乙醚或甲醇溶液，加到二硫化碳或环己烷中沉淀等。对于溶液聚合物，当转化率不大时（50% 以下），可以在加入阻聚剂丙酮溶液之后，倒入石油醚中，更换二次石油醚以后，放入沸水中煮，当转化率更高时，则可以直接放在冷水中浸泡一天，然后在沸水中煮，或者用丙酮溶解，将其溶液加到水中沉淀。也可采用在反应毕，将聚合物用冰冷却，然后减压抽去单体及溶剂，残余物再溶解，进行沉淀处理。

参 考 文 献

[1] 潘祖仁. 高分子化学. 4 版. 北京：化学工业出版社，2007.

[2] 潘才元. 高分子化学. 合肥：中国科学技术大学出版社，2005.

[3] 张群安，史政海. 高分子化学实验讲义. 南阳理工学院生物与化学工程系/精细化工教研室，2005.

[4] 韩哲文. 高分子科学实验. 上海：华东理工大学出版社，2004.

[5] 张玥. 高分子化学实验. 北京：化学工业出版社，2010.